D. Greig, Elektronen in Metallen und Halbleitern

Elektronen in Metallen und Halbleitern

von

DENIS GREIG

University of Leeds

Mit 63 Bildern und 8 Tabellen

AKADEMIE-VERLAG · BERLIN 1971

Autorisierte Übersetzung der englischsprachigen Originalausgabe,
erschienen im Verlag McGraw-Hill, London, unter dem Titel:
„D. Greig, Electrons in Metals and Semiconductors“

Übersetzt von
Dr. rer. nat. Peter Korpiun

Erschienen im Akademie-Verlag GmbH, 108 Berlin, Leipziger Straße 3 – 4
Von R. Oldenbourg, München, genehmigte Lizenzausgabe,

Lizenznummer: 202 · 100/566/71
Gesamtherstellung: VEB Druckerei „Thomas Müntzer“, 582 Bad Langensalza
Bestellnummer: 5870 · ES 20 C 6, 20 F 9, 18 B 7
EDV 761 4990
Printed in German Democratic Republic

Vorwort

Nichts unterscheidet jüngere Generationen von Wissenschaftlern und Ingenieuren deutlicher als der Umstand, ob sie mit Röhren oder mit Transistoren groß geworden sind. In einem Zeitraum von weniger als zwanzig Jahren ist die Elektronik revolutioniert worden. Leider ist es nicht möglich, einen Transistor in der sehr einfachen Sprache zu erklären, in der man eine Röhre beschreibt. Außerdem ist der Transistor nur eines einer stetig wachsenden Anzahl von Festkörperelementen, die heute allgemein verwendet werden. Folglich mußten sich viele Wissenschaftler und alle Elektroingenieure mit dieser neuen Technologie auseinandersetzen, und dies erfordert wiederum eine solide Kenntnis der Grundlagen der Festkörperphysik.
Vor mehreren Jahren haben die Departments für Physik und Elektrotechnik an der Leeds University mit dem Versuch begonnen, die Studenten der Elektrotechnik in den ersten Semestern diese Grundlagen zu lehren. Die Anforderungen waren hoch — in einem Jahr eine ausreichende Kenntnis der mikroskopischen Grundlagen, die das elektrische und magnetische Verhalten von Festkörpern bestimmen.
Das vorliegende Buch basiert auf dem Teil der Vorlesung, für den der Autor seit ihrer Einführung verantwortlich gewesen ist. Es ist ein Versuch, eine zusammenhängende Darstellung der Grundlagen der elektrischen Leitung in Festkörpern zu geben, wobei nur Schulphysik vorausgesetzt wird. Folglich handelt dieses Buch von Physik, obwohl es in erster Linie für Elektroingenieure geschrieben wurde, und hoffentlich kann es von Studenten aller Fachrichtungen als eine Einführung in das Studium der Leitung in Festkörpern verwendet werden.
Die ersten vier Kapitel sind den physikalischen Grundlagen gewidmet. Kapitel 1 dient als kurze Einführung in den Text als ganzes und erläutert, was mit idealen Kristallen gemeint ist und was diese mit realen Festkörpern zu tun haben. In Kapitel 2 werden die Eigenschaften der Atome ziemlich ausführlich diskutiert, mit besonderer Betonung der Quanteneffekte, was zum Verständnis des Aufbaus des Periodischen Systems führt. Kapitel 3 befaßt sich mit der kinetischen Gastheorie als Vorbereitung einer ins einzelne gehenden Diskussion des freien Elektronengases in späteren Kapiteln,

während in Kapitel 4 die Statistik erläutert wird, die auf klassische Teilchen und Quanten angewendet wird.

Die restlichen fünf Kapitel befassen sich besonders mit der Leitung in Festkörpern. In Kapitel 5 über chemische Bindungen werden die elektrischen Eigenschaften der Festkörper in Zusammenhang mit deren Stellung im Periodischen System gebracht; es ist im wesentlichen die Ansicht des Chemikers vom festen Körper. In den Kapiteln 6 und 7 werden die wichtigsten Begriffe über die elektrische Leitung, die allen Festkörpern gemeinsam sind, dargelegt, während in den Kapiteln 8 und 9 diese Vorstellungen auf Metalle (einschließlich Supraleiter) bzw. Halbleiter angewendet werden.

Das Buch versucht nicht, den ganzen Stoff zu erfassen, der unseren Elektroingenieuren gelehrt wird; zum Beispiel enthält es nichts über das magnetische oder dielektrische Verhalten von Festkörpern und nichts über Elektronenemission oder Elektronen-Ballistik. Jene Dinge wurden absichtlich weggelassen bei dem Versuch, das Buch kurz und übersichtlich zu halten. Außerdem enthält es eigentlich nichts über die Anwendungen weder von Supraleitern noch von Halbleitern. Diese sind Weiterentwicklungen des hier behandelten Wissensstoffs und werden in vielen ausgezeichneten Lehrbüchern behandelt.

Es ist unmöglich, damit zu beginnen, all jenen zu danken, die auf irgendeine Weise zu diesem Projekt beigetragen haben. Zu ihnen gehören Lehrer, die große Geduld zeigten, Kollegen, die argumentierten und diskutierten, Studenten, die Fragen stellten, und eine Familie, die viele Stunden opferte. Zwei Kollegen jedoch haben Anspruch darauf, besonders erwähnt zu werden. Es sind Professor J. S. Dugdale, sowohl wegen seiner konstruktiven Kritik der ersten Entwürfe des Manuskripts als auch wegen seiner zu jeder Zeit beträchtlichen Unterstützung, und Miss. M. Sawyer für ihre in jeder Hinsicht große Hilfe bei der Herstellung des Manuskripts.

Denis Greig

Physikalische Konstanten

Symbol	Name	Wert
h	PLANCKsche Konstante	$6{,}625 \cdot 10^{-34}$ Js
k	BOLTZMANN-Konstante	$1{,}380 \cdot 10^{-23}$ J °K^{-1}
R	Gaskonstante	8,32 J Mol^{-1} °K^{-1}
N_A	LOSCHMIDTsche Zahl	$6{,}02 \cdot 10^{26}$ Kilomol^{-1}
Å	Angström-Einheit	10^{-10} m
eV	Elektronenvolt	$1{,}602 \cdot 10^{-19}$ J
e	Elektronenladung	$-\ 1{,}602 \cdot 10^{-19}$ C
m	Ruhemasse des Elektrons	$9{,}11 \cdot 10^{-31}$ kg
ε_0	Influenzkonstante	$8{,}85 \cdot 10^{-12}$ F m^{-1}

Inhalt

1. *Elektrische Leitung in Festkörpern*

Das Wort elektrisch ist von dem griechischen *elektron* abgeleitet, was Bernstein bedeutet, und es wurde verwendet, um zu beschreiben, wie ein geriebener Bernsteinstab leichte Gegenstände, wie Papierschnitzel, anzieht. Die erste systematische Untersuchung dieses Phänomens wurde von GILBERT (1540—1603) durchgeführt. Später wurde von DUFAY (ca.1730) entdeckt, daß es zwei Arten von „Elektrizität" gibt; ein Glasstab, der mit Seide gerieben wurde, stößt einen ähnlichen Glasstab ab, zieht aber einen Stab aus Hartgummi an, der mit Fell gerieben wurde.

BENJAMIN FRANKLIN (1706—1790) schlug vor, Elektrizität auf atomarer Basis zu erklären, und er vermutete, daß es eine einzige Art „elektrischer Flüssigkeit" in allen Gegenständen gäbe. Man stellte sich vor, daß, wenn Glas mit Seide gerieben wird, die Menge der „elektrischen Flüssigkeit" im Glas zunimmt und das Glas *positiv* geladen wird. Umgekehrt vermutete man, daß, wenn Hartgummi mit Fell gerieben wird, der Flüssigkeitsgehalt abnimmt und der Hartgummi *negativ* geladen wird. Es scheint, daß ihm die Wahl von positiv durch die Tatsache nahegelegt worden ist, daß eine Kerzenflamme von einem derartig geladenen Stab abgestoßen wird wie von einem ausströmenden Gas, das aus Teilchen besteht. Obgleich diesen elektrostatischen Experimenten heute nur noch historische Bedeutung zukommt, weisen sie doch auf den Ursprung der Begriffe positiv und negativ hin, wie sie noch heute verwendet werden.

Die atomare Natur der Elektrizität wurde endgültig durch das experimentelle Werk von FARADAY nachgewiesen, das mit den Gesetzen der Elektrolyse (1833) seinen Höhepunkt erreichte. Diese Gesetze besagten, daß in einem Elektrolyten jedes Ion eine oder mehrere elektrische Elementarladungen trägt und daß diese Elementarladungen für alle Ionenarten die gleiche Größe besitzen. STONEY schlug vor (ca. 1890), die Einheit der elektrischen Ladung, positiv oder negativ, ein *Elektron* zu nennen; heute aber ist dieser Begriff auf einen besonderen Typ eines negativ geladenen Teilchens beschränkt.

Heute steht der atomare Aufbau sowohl der Materie als auch der Elektrizität durchaus fest, und wir werden uns nicht bemühen, Einzelheiten der zugehörigen historischen Entwicklung zu bringen. Folgendes sei als selbstverständlich vorausgesetzt:

a) Ein kristalliner Festkörper besteht aus einer regelmäßigen Anordnung von Atomen in beständigem Schwingungszustand. Die mittlere Amplitude dieser Schwingung nimmt mit der Temperatur zu.
b) Ein Atom besteht aus einem schweren, positiv geladenen Kern, der von leichten, negativ geladenen Elektronen umgeben ist. In jedem freien Atom ist die Zahl der positiven Ladungen gleich der Zahl der negativen Ladungen, und normalerweise ist jeder Bereich der Festkörper elektrisch neutral.
c) Ein elektrischer Strom fließt, wenn sich Ladung von einem Bereich eines Festkörpers (oder einer Flüssigkeit) zu einem anderen bewegt.
d) In einem Festkörper kommt ein elektrischer Strom normalerweise durch die Bewegung von Elektronen zustande, obwohl bei Temperaturen nahe am Schmelzpunkt auch ein Fließen ionisierter Atome auftreten kann.

Das Studium der elektrischen Leitung in Festkörpern ist deshalb gleichbedeutend mit dem Studium der Elektronen in Festkörpern. In der Tat ist die einfachste Vorstellung eines leitenden Festkörpers das *Modell des freien Elektrons* (Drude und Lorentz, ca. 1900), in dem ein Metall oder Halbleiter bildlich als „Kasten" dargestellt wird, der ein Elektronengas enthält. Wir werden in späteren Kapiteln auf dieses Modell zurückkommen. Zur Vorbereitung unserer Diskussion geben wir jetzt einen Überblick über einige der Eigenschaften von Atomen und Festkörpern.

1.1 Atome

Ein Atom wird gewöhnlich durch zwei wichtige Zahlen charakterisiert: seine Ordnungszahl Z und sein Atomgewicht A. Im neutralen Atom gibt es Z *Elektronen* außerhalb des Kerns und Z *Protonen* im Kern. Der Rest der Kernmasse besteht aus *Neutronen*. Da Neutronen und Protonen gleiche Masse besitzen, ist die Zahl der Neutronen, die erforderlich ist, um zu einer Masse A zu gelangen, $(A - Z)$ (siehe Bild 1.1a).
Alle Atome mit der gleichen Ordnungszahl brauchen nicht das gleiche Atomgewicht zu besitzen. Zwei beliebige Atome, die sich in ihrer Masse unterscheiden, deren Z jedoch gleich ist, werden *Isotope* genannt (siehe Bild 1.1b). Da die chemischen Eigenschaften der Atome durch die äußersten Elektronen bestimmt werden, ist einzusehen, daß sich alle Isotope eines Elements chemisch gleichartig verhalten. Andererseits bestehen Unterschiede in den physikalischen Eigenschaften der Festkörper, die aus verschiedenen Isotopen bestehen. Außer der offensichtlichen Änderung der Dichte wird auch eine Änderung der Schwingungsfrequenz der Atome auftreten mit einer folgerich-

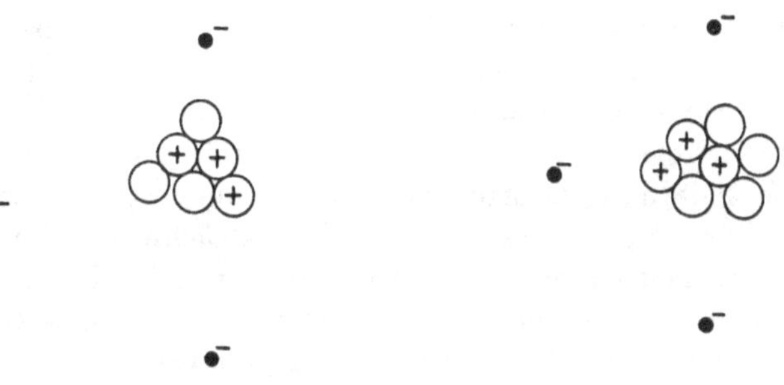

Bild 1.1 Ganz schematische Darstellung eines Atoms mit der Ordnungszahl 3, (a) Lithium mit der Massenzahl 6 (Li^6) enthält 3 Protonen, 3 Elektronen und 3 Neutronen; (b) ein zweites Lithiumisotop mit der Massenzahl 7 (Li^7) mit 3 Protonen und 3 Elektronen aber 4 Neutronen.

tig sich daraus ergebenden Änderung jedes Energieflusses (thermische Leitfähigkeit) oder Ladungsflusses (elektrische Leitfähigkeit) durch das Material.
Atome haben einen Durchmesser von etwa 3 Å = $3 \cdot 10^{-10}$ m. Zu diesem Wert gelangt man durch eine Anzahl ganz verschiedener Experimente, z. B., indem man die Viskosität eines Gases mißt (siehe Abschnitt 3.5.3) oder indem man das Verhältnis der Dichte einer Substanz im gasförmigen Zustand zur Dichte im flüssigen Zustand bestimmt (Aufgabe 3.4). Als Beweis dient auch der mittlere Abstand von Atomen, die fest miteinander verbunden sind, um Festkörper zu bilden.

1.2 Festkörper

Wir werden unsere Diskussion auf Festkörper beschränken, die in *kristalliner* Form hergestellt werden können; das heißt, Festkörper, in denen die Atome zu einer regelmäßigen, oft auch einfachen, sich wiederholenden geometrischen Struktur angeordnet sind. Das Studium *amorpher* Festkörper (z. B. Glas) ist ein viel schwierigeres Problem, und in jedem Fall ist die elektrische Leitfähigkeit solcher Festkörper unter normalen Bedingungen sehr gering. Bei Kristallen jedoch vereinfacht die hohe Symmetrie der Atomanordnung ihr Studium in vieler Hinsicht. Z. B. wirkt eine Reihe äquidistant im mittleren Abstand d angeordneter Atome auf Strahlung mit der Wellenlänge λ wie ein Beugungsgitter mit der Gitterkonstante d. Da in der Praxis d etwa dem Durchmesser eines Atoms entspricht, muß λ kleiner als einige Angström sein, damit sich Beugungseffekte ergeben. Wenn wir insbesondere elektromagnetische Strahlung betrachten, liegen solche kurzen Wellenlängen im Spektrum im Bereich der Röntgenstrahlen. Durchstrahlt man also einen Kristall mit

Röntgenstrahlen von bekannter Wellenlänge, so erhält man Aussagen über d. Deshalb kann man die genaue Anordnung der Atome aus der *Kristallstrukturanalyse mit Röntgenstrahlen* erhalten.

Es ist in dieser einfachen Abhandlung über die Leitfähigkeitsphänomene nicht wesentlich, die Anordnung der Atome in irgendeinem Festkörper im einzelnen zu kennen; wichtig ist, daß sie sich wiederholt. Tatsächlich ist die Anordnung in vielen Metallen und Halbleitern äußerst einfach. Die ,,Einheit“, die sich in den drei Dimensionen wiederholt, um den Kristall aufzubauen, kann ein Kubus sein, dessen Eckpunkte und dessen Mittelpunkt mit je einem Atom besetzt sind; ein solcher Kristall wird kubisch raumzentriert (bcc)[1]) genannt. Eine andere, häufig vorkommende Anordnung ist eine Einheit, die aus einem Würfel besteht, bei dem alle Eckpunkte und alle Flächenmittelpunkte mit je einem Atom besetzt sind; dies ist die kubisch flächenzentrierte Anordnung (fcc)[2]) (siehe Bild 1.2).

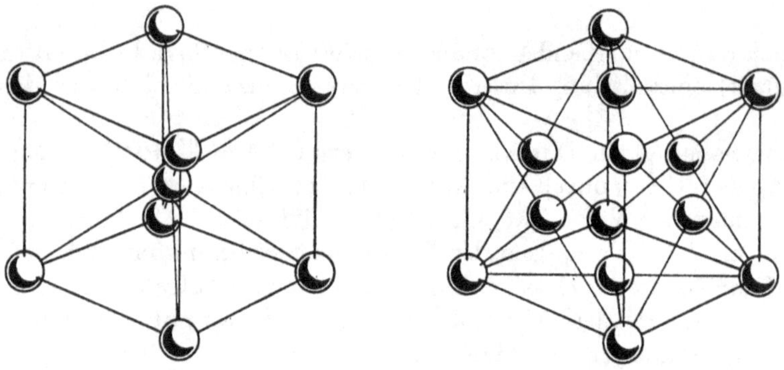
(a) (b)

Bild 1.2 (a) Einheitszelle des kubisch-raumzentrierten Gitters (bcc), die die Lage der Atomkerne zeigt. Beispiele für Metalle, die auf diese Art kristallisieren, sind die Alkalimetalle (Li, Na, K, Rb, Cs). (b) Einheitszelle des kubisch-flächenzentrierten Gitters (fcc). Die Edelmetalle (Cu, Ag, Au) besitzen diesen Typ von Kristallstruktur.

Die BRAGGsche Gleichung, welche die Beziehung zwischen λ und d wiedergibt, ist jedoch von so großer Bedeutung bei der Diskussion der Fortpflanzung von Wellen in einer periodischen Struktur, daß wir etwas darauf eingehen müssen. Wir werden in Kapitel 6 sehen, daß es notwendig ist, bei der Ausbreitung der Leitungselektronen von ähnlichen Vorstellungen Gebrauch zu machen.

1.2.1 *BRAGGsches Gesetz* Ein Kristall ist nicht einfach eine Reihe von Atomen, sondern er ist dreidimensional und in jeder Richtung symmetrisch. Die Theorie eines einfachen Beugungsgitters kann deshalb nicht direkt an-

[1]) bcc = body-centered-cubic (engl.) = kubisch raumzentriert
[2]) fcc = face-centered-cubic (engl.) = kubisch flächenzentriert

gewendet werden. Wegen der hohen Symmetrie des Kristalls sind jedoch die Winkel zwischen einfallendem und gebeugtem Strahl auf einige wenige Werte beschränkt, wie wir jetzt zeigen werden.

In Bild 1.3 stellt AB die Front einer ebenen Welle dar, die in Richtung WX, W′X′ durch eine Reihe von Atomen PQ hindurchgeht. An jedem Atom, über das die Wellenfront hinweggeht, erzeugt sie eine Elementarwelle, die sich

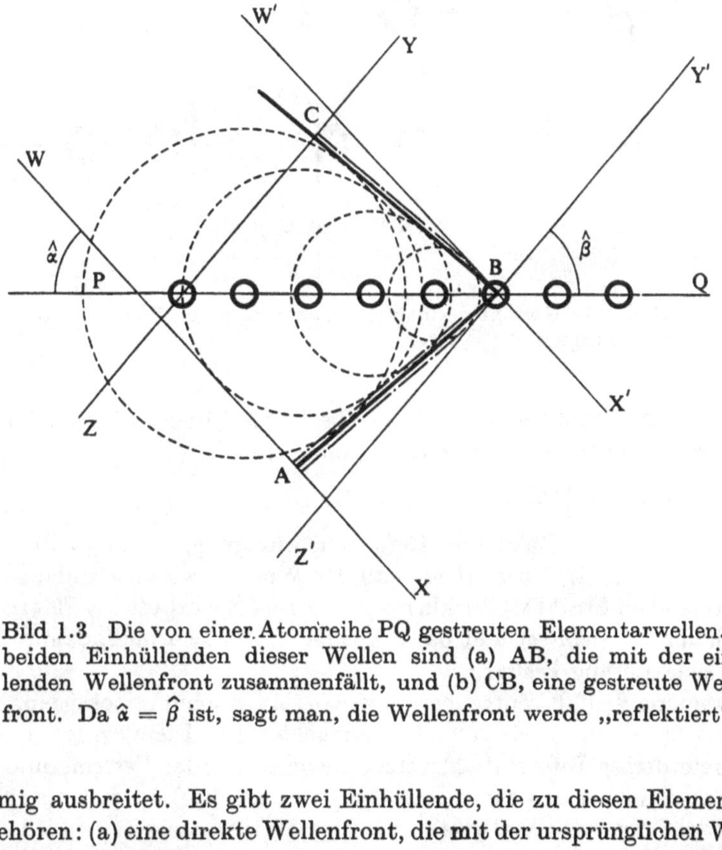

Bild 1.3 Die von einer Atomreihe PQ gestreuten Elementarwellen. Die beiden Einhüllenden dieser Wellen sind (a) AB, die mit der einfallenden Wellenfront zusammenfällt, und (b) CB, eine gestreute Wellenfront. Da $\hat{\alpha} = \hat{\beta}$ ist, sagt man, die Wellenfront werde „reflektiert".

kugelförmig ausbreitet. Es gibt zwei Einhüllende, die zu diesen Elementarwellen gehören: (a) eine direkte Wellenfront, die mit der ursprünglichen Welle in Phase ist und deshalb im durchgelassenen Hauptstrahl „verloren" geht; (b) die reflektierte Wellenfront CB (das ist die HUYGENSsche Konstruktion) in der Richtung YZ, Y′Z′, mit $\hat{\alpha} = \hat{\beta}$, die sich genauso verhält, als wenn die Welle von einer ebenen Oberfläche reflektiert worden wäre.

In jedem Querschnitt eines Kristalls muß es eine Serie im Abstand d zueinander paralleler Reihen von Atomen P_1Q_1, P_2Q_2, ... geben, wie sie in Bild 1.4 dargestellt ist. An jeder Atomreihe wird ein Teil der einfallenden Röntgenstrahlen reflektiert werden, ein kohärenter Strahl jedoch wird nur dann zustande kommen, wenn der Wegunterschied zwischen den Wellen, die von benachbarten Reihen gestreut werden, ein ganzzahliges Vielfaches der Wellen-

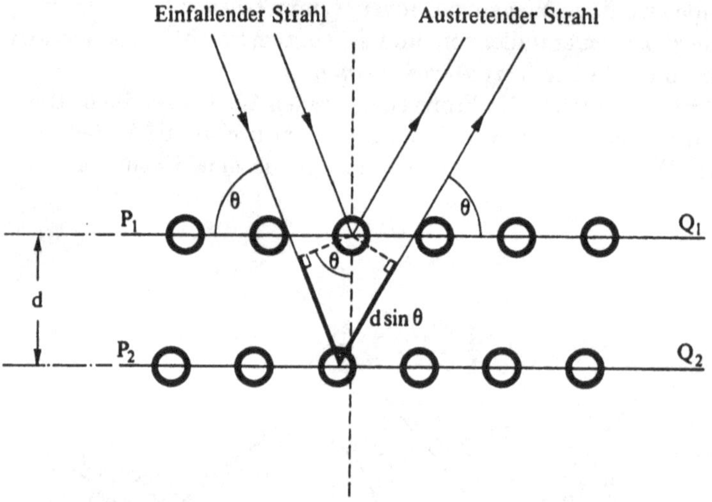

Bild 1.4 Reflexion eines Röntgenstrahls von benachbarten Reihen von Atomen.

länge ist. Aus Bild 1.4 ist ersichtlich, daß diese Differenz $2\,d \sin \Theta$ ist, so daß die Bedingung für kohärente Reflexion

$$n\lambda = 2\,d \sin \Theta \qquad (n = 1, 2, \ldots) \tag{1.1}$$

lautet. Das ist die BRAGGsche Reflexionsbedingung, auch kurz BRAGG-Bedingung genannt. Wir bemerken, daß der Winkel zwischen einfallendem und austretendem Strahl in Wirklichkeit $2\,\Theta$ ist (Θ wird oft als *Glanzwinkel* der Strahlung bezeichnet) und daß λ kleiner als $2\,d$ sein muß, damit Gleichung (1.1) eine Lösung besitzt.

Es gibt eine Vielfalt röntgenographischer Untersuchungsmethoden, bei denen Gebrauch von der Gleichung (1.1) gemacht wird. Diese weisen, je nach Art der geforderten Information, verschiedene Grade der Verfeinerung auf. Da man $\sin \Theta$ immer aus den geometrischen Daten des Experiments entnehmen kann und da n normalerweise niedrige Werte annimmt, sind die „Unbekannten" λ und d. Wenn verlangt wird, einen Kristall mit bekannter Gitterkonstante zu orientieren, geht man folgendermaßen vor: man untersucht die Symmetrie der Beugungsaufnahmen, die man erhält, wenn man den Kristall mit Röntgenstrahlen kontinuierlicher (und unbekannter) Wellenlänge durchstrahlt. Dies ist die LAUE-*Methode*, die experimentell sehr einfach ist; eine typische Photographie zeigt Bild 1.5a. Besteht andererseits das Problem darin, d zu bestimmen, so muß Röntgenstrahlung bekannter Wellenlänge (monochromatisch) verwendet werden, und der Kristall muß so gedreht werden, daß die geometrischen Bedingungen, die nötig sind, um der Gleichung (1.1) zu genügen, erfüllt werden können. Das ist die *Drehkristall-*

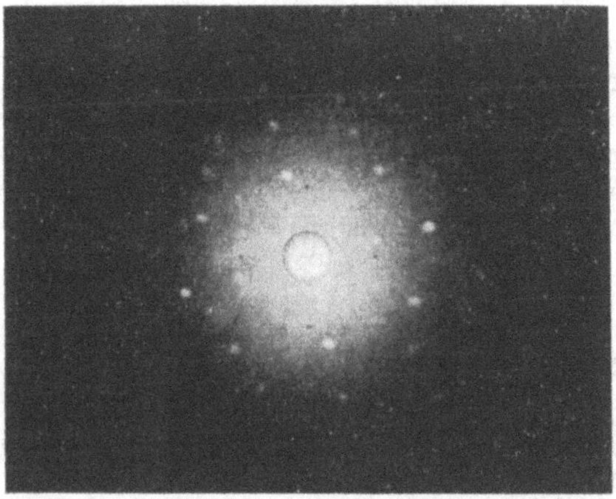

a)

b)

Bild 1.5 Beispiele für Aufnahmen von Röntgenbeugungsdiagrammen. (a) LAUE-Aufnahme eines Palladium-Einkristalls, die das charakteristische symmetrische Muster der Flecken zeigt (von Mr. M. J. WALKER zur Verfügung gestellt). (b) Pulverdiagramm von Flußspat, CaF_2 (von Dr. R. BICHAN zur Verfügung gestellt).

methode. Wenn die Probe um 360° gedreht würde, erhielte man eine verwirrend große Zahl von Beugungspunkten. Deshalb ist es üblich, den Kristall um etwa 15° hin und her zu bewegen. Folglich muß die Apparatur sorgfältig konstruiert sein, und sie ist deshalb verhältnismäßig teuer. Als Alternative verwendet man die Probe oft in Pulverform (*Pulvermethode*), so daß alle Kristallorientierungen gleich häufig sind und Gleichung (1.1) für viele Kristallite erfüllt sein muß. Die Photographie, die man erhält und die für das Material charakteristisch ist, stellt eine Serie von Linien dar, wie sie Bild 1.5b zeigt.

Natürlich sind wirkliche Kristalle niemals vollkommen; sie enthalten alle Arten von Fehlern wie chemische Verunreinigungen, fehlende Atome (Fehlstellen) und fehlende Reihen von Atomen (Versetzungen). Trotzdem sind die Röntgenstrahl-Beugungsbilder, die man von irgendeinem, in Form eines Einkristalls hergestellten Metall oder Halbleiter erhält, genau so, wie man sie für einen vollkommen geordneten Festkörper erwarten würde. Es ist deshalb ganz sinnvoll, in unserer Diskussion über die elektrische Leitfähigkeit anzunehmen, daß diese Kristalle vollkommen *sind*. Hinzu kommt, daß, obwohl normalerweise verwendete Metalle keine Einkristalle, sondern *Polykristalle* sind, die Teilkristalle (Kristallite) bis zu einigen Millimetern lang sein können — eine Länge, die einer geordneten Reihe von etwa 10^7 Atomen entspricht. Es ist deshalb sogar für diese Festkörper noch eine gute Näherung, sie so zu behandeln, als wenn sie Einkristalle wären.

1.3 Leitung in Festkörpern

Der Hauptzweck dieses Buches ist es, folgende Fragen zu beantworten:

a) Warum sind manche Festkörper ausgezeichnete elektrische Leiter und andere nicht?
b) Warum sind die besten Leiter metallisch?
c) Was sind Halbleiter, und weshalb sind sie von so großer wirtschaftlicher Bedeutung?
d) Warum verlieren einige Materialien bei sehr tiefen Temperaturen den ganzen elektrischen Widerstand (sie werden Supraleiter)?

Das zugrunde liegende physikalische Problem kann ziemlich einfach formuliert werden: Wie verhalten sich die Elektronen in einem vollkommen geordneten Festkörper gegenüber einem angelegten elektrischen Feld? Die Antwort auf diese Frage ist leider selbst für das unkomplizierteste Modell nicht einfach. Bevor wir mit einer Erklärung beginnen können, müssen wir uns einige physikalische Grundlagen aneignen; deshalb sind die nächsten drei Kapitel dazu bestimmt, unser Verständnis von Atomen, Elektronen und der dichten Elektronenanhäufung zu erweitern.

Ergänzende Literatur

AZAROFF, L. V., Introduction to Solids, McGraw-Hill Book Co., New York and London, 1960.

VAN BUEREN, H. G., Imperfections in Crystals, North-Holland Publishing Co., Amsterdam, 1960.

CARO, D. E., MCDONELL, J. A., SPICER, B. M., Modern Physics, EDWARD ARNOLD (Publishers) Ltd., London, 1962.

HOLDEN, A., SINGER, P., Crystals and Crystal Growing, Heinemann, London, 1961.

JAMES, R. W., X-Ray Crystallography, Methuen and Co. Ltd., London, 1963.

Aufgaben[1])

1.1 Wie viele Leitungselektronen treten pro Sekunde durch die vorgegebene Querschnittsfläche eines Leiters, wenn ein elektrischer Strom (a) 1 A, (b) 5 A fließt?

1.2 Es gibt zwei Kupferisotope (Ordnungszahl 29) mit den Atomgewichten 63 und 65, die mit der relativen Häufigkeit 69,09 bzw. 30,91 Prozent vorkommen. Welches ist das mittlere Atomgewicht von Kupfer?

1.3 Man sieht einen Natriumchloridkristall aus einer Lösung in jeder Richtung täglich um einige Millimeter wachsen. Wie viele Atomschichten ungefähr kommen auf diese Weise pro Sekunde zum Kristall hinzu? Man schätze die Wellenlänge der Röntgenstrahlung ab, die geeignet ist, um experimentell den Abstand zwischen benachbarten Atomschichten in diesem Kristall zu bestimmen.

1.4 Angenommen, sowohl im kubisch raumzentrierten als auch im kubisch flächenzentrierten Kristall sitzen Atome an den „elementaren" Plätzen, wie in Fig. 1.2 dargestellt. Wieviele Atome befinden sich jeweils durchschnittlich im Einheitswürfel?
Die Atome in diesen Kristallen können als kugelförmig mit dem Radius r angenommen werden. Man bestimme sowohl für das bcc- wie für das fcc-Gitter den Bruchteil des Kristallvolumens, der von Atomen ausgefüllt wird, wenn r durch die Bedingung bestimmt wird, daß sich die Atome, die sich am nächsten sind, gerade berühren. Auf welche Weise wird der Raum günstiger ausgefüllt?

1.5 Röntgenstrahlen mit der Wellenlänge 0,721 Å werden von den Begrenzungsflächen des Elementarwürfels eines kubisch flächenzentrierten Kupferkristalls reflektiert. Man berechne die Gitterkonstante (die Länge der Kante des Elementarwürfels) von Kupfer, wenn der Glanzwinkel für den Reflex 2. Ordnung 23° 33′ beträgt. Wieviele Atome enthält ein Kubikmeter Kupfer?

1.6 Wie könnte man experimentell feststellen, ob ein Kristall eine kubisch raumzentrierte oder kubisch flächenzentrierte Struktur besitzt?

[1]) Lösungen im Anhang

2. *Elektronen in Atomen*

Unser Hauptthema ist das Studium von Elektronen in Festkörpern. Zwei eng miteinander verknüpfte, grundlegende Fragen sind: (a) wo befinden sich die Elektronen im Atom, und (b) welche Energien besitzen sie? In diesem Kapitel werden wir die Eigenschaften der Elektronen in *freien* Atomen im Detail untersuchen, so daß wir in der Lage sind, im verbleibenden Teil des Buches diese Vorstellungen auf das Studium der Festkörper auszudehnen.

2.1 Quantisierung

Der Kern eines Atoms ist äußerst klein (Durchmesser etwa 10^{-14} m) im Vergleich zur Größe des Gesamtatoms (Durchmesser etwa $3 \cdot 10^{-10}$ m). Dieser atomare Durchmesser wird durch die Bahnen der Elektronen bestimmt, da sie sich kontinuierlich wie ,,Satelliten" um den Kern bewegen. Die Elektronen bewegen sich auf komplex geformten geschlossenen Bahnen, und ihre Energien sind auf eine Anzahl bestimmter Werte beschränkt. Diese Einschränkung kann man aufgrund der *Quantentheorie* verstehen.

Wir akzeptieren ohne weiteres die Vorstellung, daß Materie aus einzelnen Atomen besteht, die wiederum aus Elementarteilchen zusammengesetzt sind, von denen jedes eine diskrete Masse und Ladung besitzt. Andererseits ist die Bemerkung, daß Energie nicht unendlich teilbar sondern aus Paketen oder Quanten zusammengesetzt ist, recht anspruchsvoll, weil ein typisches Energiepaket äußerst klein ist und der alltäglichen Erfahrung verborgen bleibt. Die Vorstellung von Energiequanten wurde zuerst von PLANCK (um 1900) vorgeschlagen, um die Form der spektralen Energieverteilung eines schwarzen Strahlers zu erklären. Er schlug vor, daß die Energie eines elektromagnetischen Oszillators mit der Frequenz ν nur die Werte $n h \nu$ haben soll, wobei n ganzzahlig und h eine Konstante ist, die jetzt PLANCK*sche Konstante* genannt wird. Diese Vorstellung wurde wenig später von EINSTEIN erweitert, der vorschlug, daß sich Licht und Wärme durch den Raum *bewegen* in Form von Quanten, genannt *Photonen*, von denen jedes die Energie $h \nu$ trägt und räumlich eng begrenzt ist. Der Ausdruck

$$\varepsilon = h\,\nu\,, \tag{2.1}$$

wobei ε das Energiequant der Frequenz ν ist, wird oft als EINSTEIN*sche Gleichung* bezeichnet. Diese Vorstellung wurde von EINSTEIN verwendet, um die Ergebnisse von Experimenten über den *photoelektrischen Effekt* zu interpretieren. Wenn Licht auf die Oberfläche eines Metalls scheint, werden Elektronen emittiert. Man findet, daß die maximale Energie dieser Elektronen von der *Frequenz* des einfallenden Lichtes und *nicht von der Intensität* abhängig ist. Diese Beobachtung kann mit keinem klassischen Argument erklärt werden. EINSTEIN erweiterte deshalb den Gedanken, daß das einfallende Licht die Form von Photonen hat, indem er weiter postulierte: (a) daß ein Photon beim Zusammenstoß mit einem Elektron seine ganze Energie an dieses Elektron abgibt und (b) daß ein bestimmter Mindestbetrag an Arbeit Φ (*Austrittsarbeit* genannt) aufgewendet werden muß, um ein Elektron aus dem Metall herauszulösen. Die maximale kinetische Energie $K_{\max}$ der ausgelösten Elektronen wird deshalb durch die EINSTEIN*sche Gleichung für den Photoeffekt*

$$K_{\max} = h\,\nu - \Phi \tag{2.2}$$

beschrieben, die erklärt, warum $K_{\max}$ von ν abhängt. Außerdem entnehmen wir der Gleichung (2.2), daß es eine bestimmte kleinste Frequenz $\nu_{\min} = \Phi/h$ gibt, unterhalb deren keine Elektronen emittiert werden. Dies wird in der Praxis auch beobachtet. Der Photoeffekt kann deshalb als eindrucksvolle Bestätigung der Ideen von PLANCK und EINSTEIN ausgelegt werden, und er ist ein guter experimenteller Beleg der Gleichung (2.1).

Der Wert von h kann nur experimentell ermittelt werden, und eine Methode besteht zweifellos darin, ihn durch ein photoelektrisches Experiment aus der Steigung der Geraden zu bestimmen, die man erhält, wenn man $K_{\max}$ gegen ν aufträgt. In Wirklichkeit ist dies eine der weniger genauen Methoden. Es gibt eine Vielfalt anderer Methoden, die alle zu dem gleichen Ergebnis $h = 6{,}6252 \cdot 10^{-34}$ Js führen. Verglichen mit den uns vertrauten Größenordnungen ist die Energie, die ein Photon enthält, unvorstellbar klein. Z. B. ist für die intensiv-gelben Linien im Spektrum des Natriums $h\,\nu = 3{,}35 \cdot 10^{-19}$ J, wo hingegen die Energie, die in jeder Sekunde von einer einfachen elektrischen Glühlampe verbraucht wird, ungefähr 100 J beträgt. Im atomaren Bereich jedoch ist 10^{-19} J ein ganz üblicher Energiewert, und wir werden sehen, daß die Energiedifferenzen zwischen Elektronen auf verschiedenen Bahnen um einen Atomkern auch von dieser Größenordnung sind.

Es wird deutlich, daß das Joule eine viel zu große Maßeinheit für die Energien ist, die in der Atomphysik vorkommen. Eine realistischere Einheit ist das *Elektronenvolt*, das definiert werden kann als die Arbeit, die verrichtet wird, wenn eine Ladung e entgegen der Potentialdifferenz 1 Volt bewegt wird. Daher sind X Elektronenvolt (eV) gleichbedeutend mit eX J oder 1 eV $=$ $= 1{,}6 \cdot 10^{-19}$ J. Die Photonenenergie des Natriumlichts ist deshalb etwa 2 eV.

2.2 Teilchen oder Wellen

Es wird jetzt als sicher angenommen, daß das Licht Eigenschaften aufweist, die sowohl wellen- als auch teilchenartig sind — einerseits Interferenz und Beugung, andererseits Photoeffekt und spektrale Emission von Photonen. De Broglie postulierte im Jahr 1923, daß diese *Dualität* auf alle Materieteilchen angewendet werden kann und daß sie alle eine Wellenlänge λ besitzen. Des weiteren schlug er vor, daß λ mit dem Impuls p des Teilchens durch die Beziehung

$$p = \frac{h}{\lambda} \tag{2.3}$$

verknüpft ist. Dieser Ausdruck wird de Broglie-*Beziehung* genannt. Wir erkennen, daß für irgendein gewöhnliches „Teilchen", wie etwa einen Golfball im Flug (Masse 45 g, Geschwindigkeit ca. 20 ms^{-1}), die Wellenlänge lächerlich klein — von der Größenordnung $7{,}5 \cdot 10^{-34}$ m — ist. Im atomaren Bereich liegen die Dinge jedoch anders; ein Elektron, das sich mit der Geschwindigkeit 1 cm s^{-1} bewegt, besitzt eine Wellenlänge von 7,3 cm, so daß diese Welleneigenschaften nicht außer acht gelassen werden können.

Tatsächlich lieferten Davisson und Germer (1927) den ersten experimentellen Beweis für die Existenz von Materiewellen, indem sie Elektronen ver-

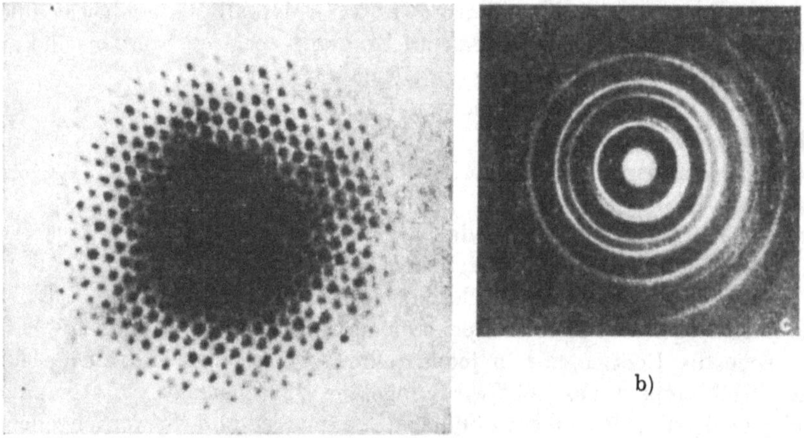

a) b)

Bild 2.1 Photographische Aufnahmen der Elektronenbeugung, die analog den Röntgenaufnahmen in Bild 1.5 sind. (a) Laue-Aufnahme der Beugung von 40 kV-Elektronen an einer Platinfolie von $6 \cdot 10^{-6}$ cm Dicke (nach I. J. Trillat u. Th. v. Hirsch, Z. Physik 75, 784 (1932). (b) Pulveraufnahme der Beugung von 48 keV-Elektronen an einer Silberfolie (aufgenommen von Dr. L. H. Germer; in F. K. Richtmyer und E. H. Kennard, Introduction to Modern Physics. Mc Graw-Hill Book Co. New York and London, 1950, S. 258).

wendeten, die in einer Potentialdifferenz zwischen 100 und 200 V beschleunigt wurden. Solche Elektronen haben eine Wellenlänge von etwa 1 Å und können deshalb von der Oberfläche eines Kristalls gebeugt werden. DAVISSON und GERMER fanden, daß Elektronen in der Tat in Übereinstimmung mit dem BRAGGschen Gesetz (Abschnitt 1.2.1) gebeugt wurden, wenn für die Wellenlänge der Elektronen der DE BROGLIEsche Wert verwendet wurde. Etwa um die gleiche Zeit wies G. P. THOMSON die Beugung von Elektronenwellen nach, indem er ein Pulverdiagramm (Abschnitt 1.2.1) erhielt, als er sehr schnelle Elektronen durch sehr dünne Metallfolien schickte (siehe Bild 2.1).
Heutzutage sind sowohl *Elektronenbeugung* als auch *Neutronenstreuung* gängige experimentelle Techniken. Bei der ersteren bilden 10 bis 1000 keV-Elektronen ($\lambda \approx 0{,}1-0{,}01$ Å) die Grundlage für extrem leistungsfähige Mikroskope, während bei der letzteren 40 meV-Neutronen ($\lambda \approx 1{,}5$ Å) an Stelle von Röntgenstrahlen zu Kristalluntersuchungen verwendet werden können.

2.3 Wellenmechanik — die Schrödinger-Gleichung

Es sind also zwei sehr einfache Informationsbestandteile über das Verhalten im atomaren Bereich bekannt: die EINSTEINsche Gleichung (2.1) und die DE BROGLIE-Beziehung (2.3), die beide eine einwandfreie experimentelle Grundlage haben. Wir werden nun fortfahren, die Regeln (oder Gesetze) der Atomphysik zu diskutieren — die Mechanik atomarer Teilchen —, wobei wir uns stets vor Augen halten, daß jede Theorie diesen beiden Beziehungen genügen muß. Obwohl die skizzierten Methoden auf jedes atomare Teilchen angewendet werden könnten, werden wir unsere Diskussion auf den Sonderfall der Elektronen in Atomen beschränken.
Elektronen können mit Begriffen der DE BROGLIE-Wellen beschrieben werden, und die von SCHRÖDINGER 1926 eingeführte *Wellenmechanik* liefert uns die nötigen mathematischen Formulierungen. Wir nehmen an, daß eine Materiewelle mit der Amplitude Ψ

$$\Psi = A \cos (k x - \omega t) + B \sin (k x - \omega t) \tag{2.4}$$

geschrieben werden kann, wobei k ($= 2\pi/\lambda$) die *Wellenzahl* und ω ($= 2\pi\nu$) die *Kreisfrequenz* der Welle genannt werden. Obgleich es uns bei dieser allgemeinen Ausführung nicht darauf ankommt, tatsächliche Werte der Konstanten A und B genauer anzugeben, sollte doch erwähnt werden, daß Ψ immer komplex ist. Die physikalische Bedeutung der Amplitude Ψ ist von BORN (auch im Jahr 1926) in der Weise dargelegt worden, daß $|\Psi|^2\, dv = \Psi\,\Psi^*$ *die Wahrscheinlichkeit* ist, *ein Elektron im Volumen* dv *zu finden.* Wir werden später auf diesen Punkt zurückkommen.
Angenommen, das Elektron, das durch Gleichung (2.4) beschrieben wird, bewegt sich in einem Potential V. Wenn dieses Potential eine Funktion des

Ortes allein ist, kann die Wellenfunktion $\Psi(x, t)$ als das Produkt einer vom Ort abhängigen Komponente und einer zeitabhängigen Komponente geschrieben werden

$$\Psi(x, t) = \psi(x)\, \psi'(t)\,. \tag{2.5}$$

Wenn dies so ist, ergibt sich daraus die Differentialgleichung für die ortsabhängige Komponente auf ganz einfache Weise. Die Gesamtenergie ε des Elektrons ist die Summe aus kinetischer und potentieller Energie, so daß

$$\begin{aligned} \varepsilon &= V + \frac{p^2}{2\,m} \\ &= V + \frac{h^2\, k^2}{8\,\pi^2\, m} \end{aligned}$$

oder

$$k^2 = \frac{8\,\pi^2\, m}{h^2}\,(\varepsilon - V) \tag{2.6}$$

ist.

Wenn jetzt $\Psi(x, t)$ von der Form (2.4) ist, dann eignet sich für $\Psi(x)$ der Ausdruck

$$\psi(x) = C \cos k\, x + D \sin k\, x\,, \tag{2.7}$$

so daß

$$\frac{\mathrm{d}^2\psi(x)}{\mathrm{d}x^2} = -\, k^2\, \psi(x)$$

oder nach Gleichung (2.6)

$$\frac{\mathrm{d}^2\psi(x)}{\mathrm{d}x^2} + \frac{8\,\pi^2\, m}{h^2}\,(\varepsilon - V)\,\psi(x) = 0 \tag{2.8}$$

ist.

Dieser Ausdruck (oder richtiger seine dreidimensionale Form) wird als *zeitunabhängige Schrödinger-Gleichung* bezeichnet. Es ist mathematisch nur folgerichtig, zu sagen, daß $\psi(x)$ die Wellenlänge

$$\frac{h}{p} = \frac{h}{\sqrt{[2\,m\,(\varepsilon - V)]}}$$

hat.

Die Gleichung ist viel allgemeiner, als unsere einfache „Herleitung" vermuten läßt. SCHRÖDINGER postulierte, daß Gleichung (2.8) auch für $V > \varepsilon$ gültig ist — eine Bedingung, die nach klassischen Argumenten zu keinem vernünftigen Ergebnis führen würde. Außerdem bewegen sich Elektronen in vielen physikalischen Situationen in einem Potential, das sich mit x (und mit y und z) schnell ändert, so daß die Lösung der Gleichung (2.8) ziemlich kompliziert werden kann.

Ganz allgemein also — vorausgesetzt, V ändert sich zeitlich nicht — gibt Gleichung (2.8) die räumliche Änderung von $\Psi(x, t)$ an. Für viele Probleme reicht dies aus. Trotzdem müssen wir uns vergegenwärtigen, daß das räumliche Bild in Wirklichkeit mit der Frequenz $\nu = \varepsilon/h$ *pulsiert*, so daß die vollständige Materiewelle, wie sie Gleichung (2.4) darstellt, in Wirklichkeit das Produkt von $\psi(x)$ und einem zeitabhängigen Faktor $\psi'(t)$ (Gleichung 2.5) der Form $\exp(-2\pi i \nu t)$ ist. Jedoch ist

$$\begin{aligned}\Psi(x, t)\,\Psi^*(x, t) &= \psi(x) \exp(-2\pi i \nu t)\, \psi^*(x) \exp(2\pi i \nu t) \\ &= \psi(x)\, \psi^*(x)\,,\end{aligned}$$

so daß $|\Psi|^2 = |\psi|^2$. Infolgedessen kann die Wahrscheinlichkeit, ein Elektron in einem vorgegebenen Volumen zu finden, vollständig bestimmt werden, wenn $\psi(x)$ bekannt ist. (Wir sehen, daß $\Psi(x, t)$ und $\psi'(t)$ notwendigerweise komplex sein müssen, um sicherzustellen, daß $|\Psi|^2$ unabhängig von t ist. Andererseits muß die ortsabhängige Wellenfunktion nicht komplex sein, und tatsächlich werden wir es in diesem Kapitel nur noch mit reellen Lösungen der Gleichung (2.8) zu tun haben.)

Es besteht eine enge Analogie zwischen diesem Problem und den Bildern stehender Wellen, die man bei einer schwingenden Saite sieht, die an beiden Enden festgehalten wird (siehe Bild 2.2). Offensichtlich bleibt die Saite nicht in einer Lage, sondern schwingt von einer Seite der gestreckten Ruhelage zur anderen. Trotzdem kann man das System durch das Bild 2.2 angemessen

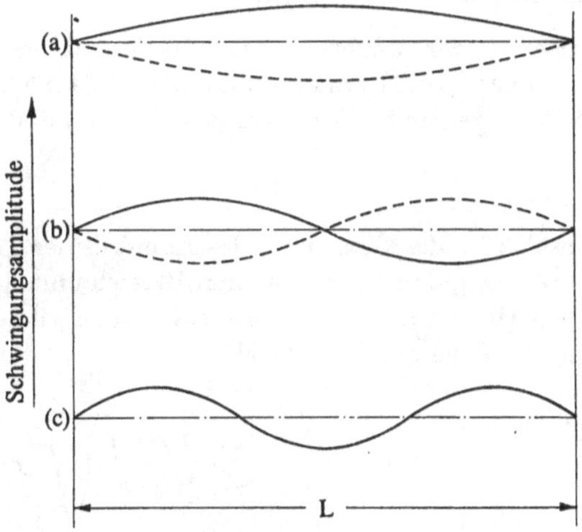

Bild 2.2 Verschiedene Schwingungsformen einer an beiden Enden eingespannten schwingenden Saite. Die Wellenlänge der stehenden Figur in (a), (b) und (c) ist gegeben durch $2\,L$, L bzw. $2\,L/3$. Obwohl wir wissen, daß die Saite zwischen zwei Lagen hin und her schwingt, wie bei (a) und (b) gezeigt, kann eine gleichwertige Beschreibung der Schwingungsform angegeben werden, ohne diese Änderung mit der Zeit zu erwähnen, wie in (c) dargestellt.

beschreiben, ohne die zeitliche Variation explizit zu erwähnen. Ebenso ist im allgemeinen $\psi(x)$ alles, was man braucht, um das stationäre Verhalten der Elektronen in der Nachbarschaft der Atome zu beschreiben.

2.4 Die Unschärferelation

Der Begriff „vollständig" muß näher erläutert werden, wenn er zur Beschreibung von Information im atomaren Bereich verwendet wird. Es gibt grundsätzlich eine Begrenzung der Genauigkeit, bis zu der physikalische Parameter gemessen werden können. Wir werden dies veranschaulichen, indem wir zwei verschiedene Typen von Materiewellen betrachten.

a) Eine *einfache Welle* ist eine Welle, bei der die Amplitude sich sinusförmig im Raum verändert (siehe Bild 2.3a). Bei dieser Welle ist die Wellenlänge genau definiert, und deshalb ist es auch der *Impuls* des zugeordneten Teilchens. Andererseits ist der *Ort* des Teilchens (proportional zum Quadrat der Amplitude) überhaupt *nicht bestimmt*, weil die Amplitude im gesamten Raum konstant ist.
b) Ein *Wellenpaket* ergibt sich aus einer Anzahl von Wellen mit annähernd gleicher Wellenlänge (siehe Bild 2.3b). Diesmal ist der *Ort* des Teilchens *wohldefiniert*, da die Amplitude der Welle außer im Paket selbst gleich Null ist. Leider ist es jetzt unmöglich, der Welle eine genaue Wellenlänge zuzuordnen, so daß der *Impuls unbestimmt* ist.

Diese allgemeine Begrenzung der Beobachtungen im atomaren Bereich wurde zuerst von HEISENBERG (1927) erkannt und wird *Unschärferelation* oder *Unbestimmtheitsrelation* genannt. Eine analytische Darstellung des Gesetzes ist

$$\Delta x \, \Delta p \geqq h \,, \tag{2.9}$$

wobei Δx und Δp die Unschärfen des Ortes bzw. des Impulses des Teilchens sind. Die Relation läßt erkennen, daß es im atomaren Bereich unmöglich ist, experimentell den genauen Ort eines Teilchens zu bestimmen, ohne seinen Impuls völlig in Unordnung zu bringen und umgekehrt.

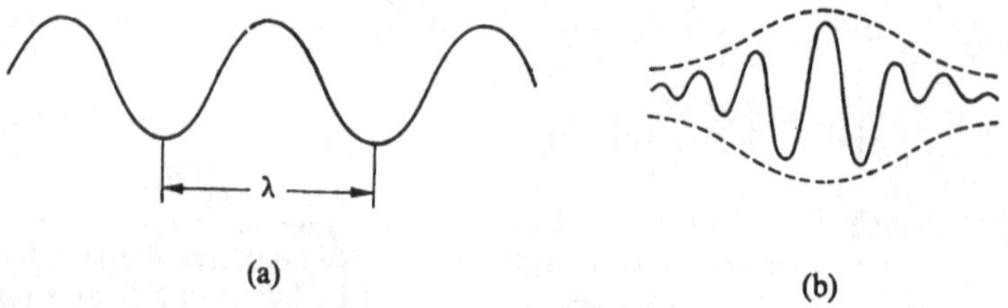

Bild 2.3 (a) Eine einfache Sinuswelle von wohldefinierter Wellenlänge und konstanter Amplitude. (b) Ein Wellenpaket, für das keine Wellenlänge angegeben werden kann und das nur über einen kleinen Raumbereich eine endliche Amplitude besitzt.

2.5 Wellenmechanik — ein einfaches Beispiel

Die SCHRÖDINGER-Gleichung führt uns unmittelbar zur Vorstellung quantisierter Energien. Betrachten wir eine einfache Form der zeitunabhängigen Gleichung (2.8), indem wir ein Elektron in einen Kasten der Länge a einsperren; das bedeutet, ψ ist im Kasten ($0 \leqq x \leqq a$) endlich, aber überall sonst Null. Wir können annehmen, daß das Potential $V(x)$ innerhalb des Kastens Null ist, aber außerhalb des Kastens mit seinen undurchdringlichen Wänden muß $V(x)$ unendlich sein.
Die Lösung der Gleichung

$$\frac{d^2\psi}{dx^2} + \frac{8\,\pi^2\,m\,\varepsilon\,\psi}{h^2} = \frac{d^2\psi}{dx^2} + k^2\,\psi = 0$$

ist

$$\psi = A\cos k\,x + B\sin k\,x\,.$$

Die Randbedingungen sind derart, daß $\psi = 0$, sowohl für $x = 0$ als auch für $x = a$, so daß $A = 0$ und $k\,a = n\,\pi$ ist, wobei n die ganzzahligen Werte $1, 2, \ldots, \infty$ annimmt. (Die Bedingung $k\,a = n\,\pi$ ist gleichbedeutend mit $\lambda = 2\,a/\pi$, was demselben Satz erlaubter Wellenlängen entspricht, den man für eine an beiden Seiten eingespannte schwingende Saite erhält (siehe Bild 2.2).) Diese ganzen Zahlen werden *Quantenzahlen* genannt und sind eine ganz charakteristische Kennzeichnungsweise des stationären Zustandes von Quantensystemen. (In den verbleibenden Abschnitten dieses Kapitels sollen die Quantenzahlen der Elektronen in Atomen bestimmt werden.)
Die erlaubten Wellenfunktionen oder *Eigenfunktionen* sind deshalb gegeben durch

$$\psi = B\sin n\,\pi\,x/a\,, \qquad n = 1, 2, \ldots, \infty\,. \tag{2.10}$$

Die Konstante B erhält man aus der Bedingung, daß das Elektron *irgendwo* im Kasten sein muß. Da die Wahrscheinlichkeit, ein Elektron zwischen x und $x + dx$ zu finden, $|\psi|^2\,dx$ ist, kann diese Bedingung mathematisch dadurch ausgedrückt werden, daß die Summe der Wahrscheinlichkeiten aller Orte im Kasten gleich Eins gesetzt wird. Daher gilt

$$\int_0^a |\psi|^2\,dx = 1\,, \tag{2.11}$$

was zu $B = \sqrt{2/a}$ führt.
In Bild 2.4 zeigen wir sowohl ψ als auch ψ^2 als Funktion von x für verschiedene Werte von n. Wenn ψ^2 mit e, der elektrischen Ladung des Elektrons, multipliziert wird, stellen die sich ergebenden Diagramme die Verteilungen der negativen Ladung im Kasten für die verschiedenen Werte von n dar.
Da nach Gleichung (2.6)

$$\varepsilon = \frac{h^2\,k^2}{8\,\pi^2\,m}$$

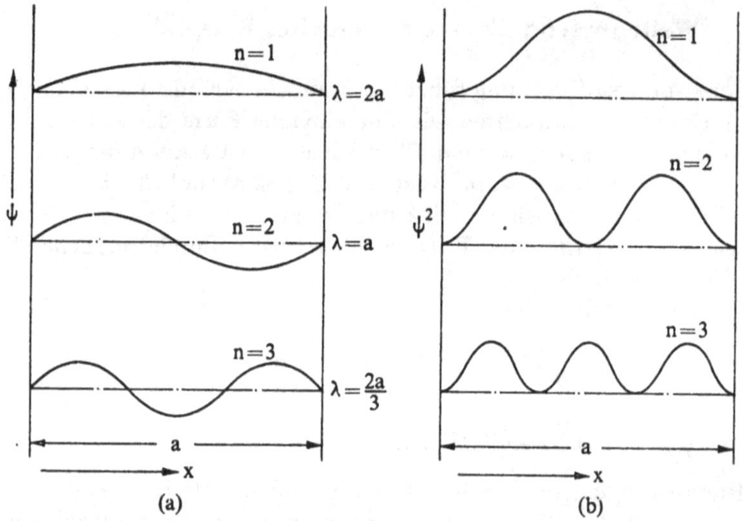

Bild 2.4 Schematische Darstellung der Änderung von ψ und ψ^2 mit x für ein Elektron in einem Kasten. Man beachte, daß (a) mit Bild 2.2 identisch ist. Weiter beachte man, daß mit zunehmendem n die Wahrscheinlichkeit ψ^2 über den Kasten immer einheitlicher wird; d. h., es nähert sich der klassischen Verteilung an.

ist, sehen wir, daß ε quantisiert ist gemäß

$$\varepsilon_n = \frac{h^2 n^2}{8 m a^2}, \qquad n = 1, 2, \ldots, \infty. \tag{2.12}$$

Die Energien des Teilchens im Kasten sind demnach auf einige diskrete Werte beschränkt. Der Gleichung (2.12) ist zu entnehmen, daß die Abstände der Energieniveaus um so geringer sind, je länger der Kasten ist. In der Tat ist dies insofern ein sehr umfassendes Ergebnis, als nämlich „freie" Teilchen ein kontinuierliches Energiespektrum besitzen können, wohingegen Teilchen, deren Bewegung mehr und mehr eingeschränkt wird, diskrete Energiespektren haben, deren Abstände größer und größer werden.

2.6 Das Wasserstoffatom

Prinzipiell kann man über die Eigenschaften der Elektronen in Atomen Aufschluß erhalten, wenn man die SCHRÖDINGER-Gleichung löst. Dies ist jedoch in der Praxis ziemlich schwierig mit Ausnahme des einfachsten Einelektron-Einproton-Atoms — dem Wasserstoffatom. In anderen Atomen komplizieren die Wechselwirkungen zwischen den Elektronen das Potential und erschweren es, zu einer exakten Lösung der SCHRÖDINGER-Gleichung zu gelangen. Trotzdem ist die *Form* des Ergebnisses die gleiche für alle Atomarten, so daß wir aus einer detaillierten Betrachtung des Wasserstoffatoms eine Menge lernen können.

Die potentielle Energie eines Elektrons im Abstand r von einem Proton ist

$$V(r) = \frac{-e^2}{4\pi\varepsilon_0 r}, \tag{2.13}$$

wobei ε_0 die Influenzkonstante des Vakuums ist. Dieses Potential ist kugelsymmetrisch, so daß es günstiger ist, die SCHRÖDINGER-Gleichung (2.8) in Termen von Kugelkoordinaten (r, Θ, Φ) zu lösen, als in denen kartesischer Koordinaten (x, y, z). Es wird angenommen, daß die drei den drei Koordinaten entsprechenden Lösungen voneinander unabhängig sind, so daß die Lösung der Gleichung (2.8) geschrieben werden kann

$$\psi = \psi_r(r)\,\psi_\Theta(\Theta)\,\psi_\varphi(\varphi)\,. \tag{2.14}$$

Da das Elektron auf einen begrenzten Bereich des Raumes beschränkt ist, führt *jede* der drei Komponenten von ψ zu einer Quantenzahl. Der Hauptzweck dieses Abschnitts ist, diese drei Parameter zu bestimmen, da sowohl in Festkörpern als auch in Atomen *alle* Elektronen auf diese Weise gekennzeichnet werden. Die mathematischen Details sind in einem Anhang (Seite **137**) enthalten, so daß sich der Haupttext auf eine sorgfältige Diskussion der darin enthaltenen physikalischen Grundlagen beschränkt.

Wenn die Wellenfunktion ψ als Produkt dreier Komponenten dargestellt wird, dann kann die SCHRÖDINGER-Gleichung in Form dreier getrennter Gleichungen (aber leider nicht dreier voneinander unabhängiger Gleichungen — siehe Anhang) geschrieben werden. Die einfachste davon ist

$$\frac{d^2\psi_\varphi}{d\varphi^2} + m_l^2\,\psi_\varphi = 0\,, \tag{2.15}$$

wobei m_l^2 eine Konstante ist. Diese Gleichung hat eine Lösung

$$\psi_\varphi = A\cos m_l\varphi + B\sin m_l\varphi\,. \tag{2.16}$$

Für das Bild einer stehenden Welle muß ψ_φ gleiche Werte für φ, $(\varphi + 2\pi)$, $(\varphi + 4\pi)$, ... annehmen, so daß m_l eine ganze Zahl sein muß; das heißt

$$m_l = 0, \pm 1, \pm 2, \ldots\,. \tag{2.17}$$

Dies ist die erste Quantenzahl bei unserem Problem, und aus Gründen, die später deutlich werden, wird sie als *magnetische Quantenzahl* bezeichnet. Sie ergibt sich einfach daraus, daß die Wellenfunktion sich bei einer Drehung um jeweils 360° um eine Achse durch den Kern um eine ganze Zahl von Wellenlängen ändern muß, damit sie bezüglich dieser Achse kontinuierlich ist (siehe Bild 2.5).

Die zweite Komponente der SCHRÖDINGER-Gleichung kann nun geschrieben werden

$$\frac{d^2\psi_\Theta}{d\Theta^2} + \cot\Theta\,\frac{d\psi_\Theta}{d\Theta} + \left(N - \frac{m_l^2}{\sin^2\Theta}\right)\psi_\Theta = 0\,, \tag{2.18}$$

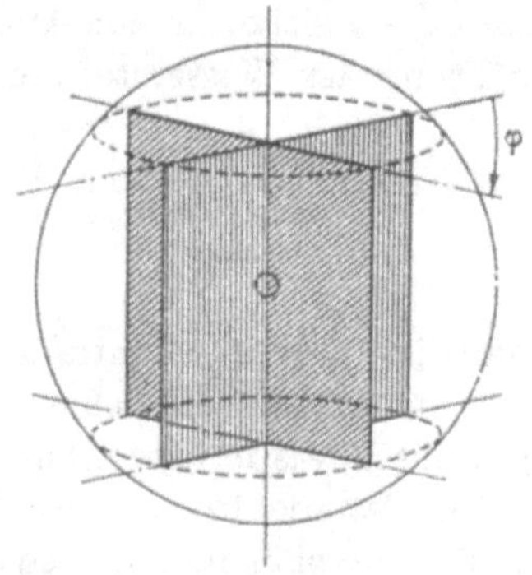

Bild 2.5 Die φ-Komponente der Wellenfunktion enthält $2\,m_l$ Knoten im Winkelbereich von 360°. Das hier gezeigte Beispiel mit vier Knotenebenen gilt für $m_l = 2$.

wobei N eine Konstante ist. Diese ziemlich kompliziert aussehende Gleichung kommt sehr häufig bei Wellenproblemen vor. Ihre Lösungen, die als zugeordnete LEGENDREsche Polynome bekannt sind, ergeben sich für $N = l\,(l + 1)$, wobei l eine positive ganze Zahl (einschließlich Null) ist, so daß

$$l \geqq |m_l| \tag{2.19}$$

gilt. Diese zweite Quantenzahl l wird *azimutale Quantenzahl* genannt, und sie ergibt sich, wenn man auf ψ_Θ die gleiche Art der Begründung anwendet, wie wir sie bereits auf ψ_φ angewendet haben. Die Lösungen der Gleichung (2.18) sind nicht so durchsichtig wie diejenigen der Gleichung (2.15). Wir erkennen jedoch, daß für $l = 1$ eine Lösung $\psi_\Theta = \cos\Theta$ lautet, wenn $m_l = 0$ ist, während $\psi_\Theta = \sin\Theta$ eine Lösung für $m_l = \pm 1$ ist; hier existiert wieder die gleiche zyklische Winkelabhängigkeit, bei der sich das Bild nach jeweils 360° wiederholt. Es ist auch bemerkenswert, daß für den besonderen Fall $l = 0$, $\mathrm{d}\psi_\Theta/\mathrm{d}t = 0$ ist und daß sich dann die gesamte Wellenfunktion ψ nicht mit Θ ändert. Da $l = 0$ bedeutet, daß $m_l = 0$ ist, ist ψ offensichtlich auch von Θ unabhängig. Folglich bedeutet $l = 0$, daß die gesamte Wellenfunktion keine Winkelabhängigkeit aufweist und deshalb Kugelsymmetrie besitzt. Die Wellenfunktion hängt nur von r ab.

Die dritte Komponente der SCHRÖDINGER-Gleichung ist jetzt

$$\frac{1}{\psi_r}\frac{\mathrm{d}}{\mathrm{d}r}\left(r^2\frac{\mathrm{d}\psi_r}{\mathrm{d}r}\right) + \frac{8\,\pi^2\,m\,r^2}{h^2}\,(\varepsilon - V) - l\,(l + 1) = 0\,. \tag{2.20}$$

Indem man zur Variablen

$$F(r) = r\,\psi_r \tag{2.21}$$

übergeht, kann Gleichung (2.20) vereinfacht werden zu

$$\frac{\mathrm{d}^2F}{\mathrm{d}r^2} + \frac{8\,\pi^2\,m}{h^2}\left\{\varepsilon - V - \frac{l\,(l + 1)\,h^2}{8\,\pi^2\,m\,r^2}\right\}F = 0\,. \tag{2.22}$$

Dies ist genau die Form der einfachen SCHRÖDINGER-Gleichung (2.8), abgesehen davon, daß außer V noch ein anderer Term von der Gesamtenergie ε abgezogen wird. Was bedeutet dies?

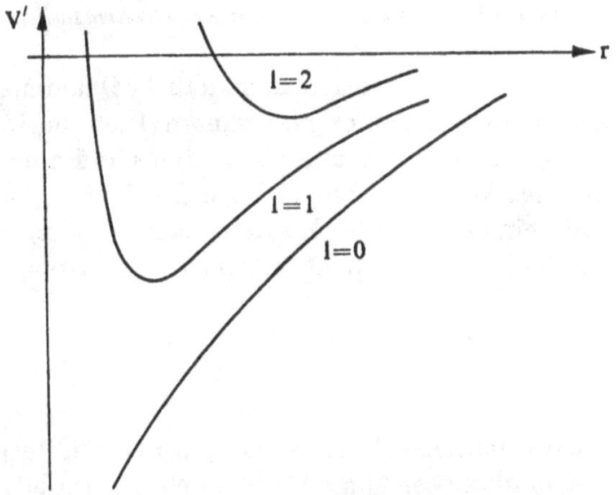

Bild 2.6 Schematische Darstellung von V' (definiert durch Gleichung 2.23) in Abhängigkeit von r für verschiedene l. Die Kurve für $l = 0$ entspricht einem einfachen COULOMB-Potential.

In Bild 2.6 zeigen wir eine Anzahl von Kurven, welche die r-Abhängigkeit von

$$V' = V + \frac{l\,(l+1)\,h^2}{8\,\pi^2\,m\,r^2} \tag{2.23}$$

wiedergeben, wobei V, wir wiederholen dies, das COULOMB-Potential (Gleichung 2.13) ist. Die verschiedenen Kurven entsprechen einem Satz effektiver *Potentiale*, von denen nur das erste ($l = 0$) die Form eines einfachen COULOMB-Potentials hat. Die Form der anderen besagt, daß Elektronen mit $l \neq 0$ nie nahe an den Kern herankommen können.

Ein Elektron wird nicht nahe an den Kern herankommen, wenn es einen Drehimpuls um den Kern besitzt. Stellen wir uns ein Teilchen mit der Masse m vor, das sich mit der Winkelgeschwindigkeit $\dot{\Theta}$ um den Kern bewegt. Sein Drehimpuls L ist gegeben durch

$$L = m\,r^2\,\dot{\Theta} \quad \text{oder} \quad r\,\dot{\Theta} = \frac{L}{m\,r},$$

die kinetische Energie ist entsprechend

$$\tfrac{1}{2}\,m(r\,\dot{\Theta})^2 = \tfrac{1}{2}\,(L^2/m\,r^2)\,.$$

Wir sehen, daß dies genau die Form des Terms hat, der in Gleichung (2.23) zu V hinzugefügt wurde, so daß wir diesen Term mit einer Energie gleichsetzen können, die vom Drehimpuls des umlaufenden Elektrons herrührt. Darüberhinaus erkennen wir, daß l mit L durch

$$L^2 = \frac{l\,(l+1)\,h^2}{4\,\pi^2} \tag{2.24}$$

verknüpft ist. Aus diesem Grunde wird l gewöhnlich als *Drehimpulsquantenzahl* bezeichnet.

Es ist interessant, zu erwähnen, daß man zeigen kann, daß die Quantenzahl m_l die Komponente des Drehimpulses in einer bestimmten Richtung angibt. Im allgemeinen ist es unmöglich, die Richtung eines Atoms im Raum genau anzugeben, da es offensichtlich keine bevorzugte Lage des Atoms gibt. Ein Magnetfeld jedoch „richtet" ein umlaufendes Elektron „auf", und man kann zeigen, daß für ein Magnetfeld, das in z-Richtung weist, die z-Komponente gegeben ist durch

$$L_z = \frac{m_l h}{2 \pi}. \tag{2.25}$$

Aus diesem Grund wird der Quantenzahl der Name „magnetisch" gegeben. Für die Lösung der SCHRÖDINGER-Gleichung bleibt noch das Problem, die Werte von F (und daher von ψ_r) aufzusuchen, die den verschiedenen Potentialtypen (siehe Bild 2.6) angepaßt werden können. Die Rechnung ist im Prinzip ähnlich derjenigen, die im vorhergehenden Abschnitt für ein rechteckiges Potential durchgeführt wurde, abgesehen davon, daß die Potentialform jetzt komplizierter ist.

Als Beispiel für den Typ von Wellenfunktion, den man aus Gleichung (2.22) erhält, betrachten wir den einfachsten Fall für $l = 0$. Eine mögliche Lösung ist

$$F = A\, r \exp(-r/a)\,, \tag{2.26}$$

wobei

$$\frac{\mathrm{d}^2 F}{\mathrm{d}r^2} = \left(\frac{1}{a^2} - \frac{2}{a\, r}\right) F \tag{2.27}$$

ist. Diese Gleichung hat die erforderliche Form [d. h. (2.22) mit $l = 0$], vorausgesetzt, wir können $2/a\, r$ mit $-8\, \pi^2\, m\, V/h^2$ gleichsetzen. Da V durch Gleichung (2.13) gegeben ist, sehen wir, daß

$$a = \frac{\varepsilon_0\, h^2}{\pi\, m\, e^2} \tag{2.28}$$

ist.

Die Klammer auf der rechten Seite der Gleichung (2.27) wird ihr Vorzeichen wechseln, wenn $r = 2\, a$ ist, und dies entspricht der Bedingung $\varepsilon = V$ in Gleichung (2.22). Folglich ist der ε-Wert, der der Wellenfunktion (2.26) entspricht,

$$\varepsilon = V(2\, a) = -\frac{m\, e^4}{8\, \varepsilon_0^2\, h^2}. \tag{2.29}$$

Der Wert dieser Energie beträgt $-13{,}5$ eV. Wie wir sehen werden, ist es die niedrigste Energie, die ein Elektron in einem Wasserstoffatom besitzen kann, so daß wir erwarten, daß sich das Elektron in diesem *Energiegrundzustand* befindet.

Die Konstante A in Gleichung (2.26) erhält man aus der Bedingung, daß das Elektron *irgendwo* im Raum sein muß (vergl. Gleichung 2.11); d. h. aus der Gleichung

$$\int_0^\infty |\psi_r|^2 \, dv = 1 \, . \qquad (2.30)$$

Das Volumen einer Kugelschale vom Radius r und der Dicke dr ist $4 \pi r^2 \, dr$, so daß für die radiale Komponente der Wellenfunktion $dv = 4 \pi r^2 \, dr$ ist. Aus Gleichung (2.21) entnehmen wir jedoch, daß

$$4 \pi r^2 \psi_r^2 \, dr = 4 \pi F^2 \, dr \qquad (2.31)$$

ist, und somit Gleichung (2.30)

$$\int_0^\infty 4 \pi F^2 \, dr = 1 \qquad (2.32)$$

wird. Setzen wir Gleichung (2.26) ein und führen die Integration aus, so erhalten wir als Ergebnis

$$A = (1/\pi a^3)^{1/2}.$$

Es ist auch verständlich, daß F^2 über r aufgetragen direkt die Ladungsverteilung ergibt (siehe Bild 2.7). Es gibt ein Maximum bei $r = a$, so daß der *wahrscheinlichste* Aufenthaltsort des Elektrons in diesem Zustand der niedrigsten Energie im Abstand a vom Kern liegt. Dieser Abstand wird oft als BOHRscher Radius bezeichnet. Der tatsächliche Wert von a (nach Gleichung 2.28) ist 0,53 Å, und wir erhalten auf diese Weise einen Atomdurchmesser von ungefähr 1 Å in sehr guter Übereinstimmung mit experimentellen Abschätzungen der atomaren Dimensionen.

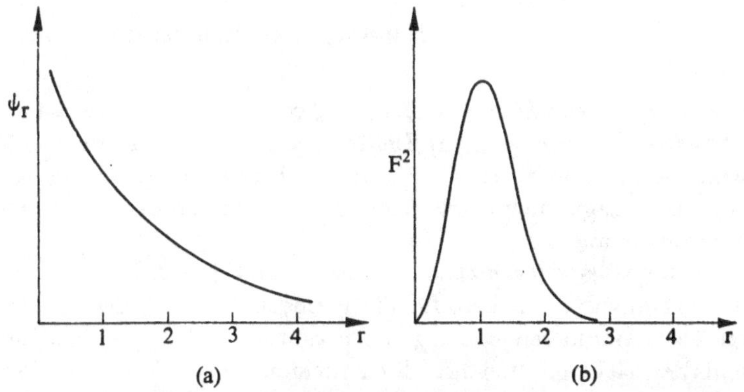

Bild 2.7 Schematische Darstellung (a) des radialen Anteils der Wellenfunktion ψ_r und (b) der zugehörigen Wahrscheinlichkeitsdichte F^2 für den niedrigsten Energiezustand (der 1 s-Zustand — siehe später) des Wasserstoffs in Abhängigkeit vom Radius r. r ist in Einheiten des BOHRschen Radius a, wie er durch Gleichung (2.28) definiert ist, angegeben.

Selbstverständlich gibt es viele Lösungen der Gleichung (2.22), die anders lauten als (2.26). Die allgemeinste Form dieser Lösungen ist

$$F_n = G(r) \exp(-r/n\,a)\,, \tag{2.33}$$

wobei $n = 1, 2, 3, \ldots, \infty$ eine ganze Zahl und $G(r)$ eine Potenzreihe in r ist, deren höchstes Glied von der Ordnung r^n ist. Der Wert der Koeffizienten dieser Reihe hängt *sowohl* von *n als auch* von l ab. Tatsächlich findet man, daß Lösungen der Gleichung (2.33) nur für

$$n \geqq (l + 1) \tag{2.34}$$

existieren. Abgesehen von dieser Einschränkung gilt Gleichung (2.33) jedoch ganz allgemein, und es kann gezeigt werden, daß die Energie ε_n, die der Wellenfunktion F_n entspricht,

$$\varepsilon_n = -\frac{m\,e^4}{8\,\varepsilon_0^2\,h^2}\left(\frac{1}{n^2}\right) \tag{2.35}$$

ist. Man beachte besonders, daß diese Werte von ε_n von l unabhängig sind. (Es läßt sich zeigen, daß dieses Ergebnis eine Folge des einfachen COULOMB-Potentials des Wasserstoffs ist. Für andere Atome, für die $V(r)$ komplizierter ist, hängt ε_n auch von l ab.)

Die ganzen Zahlen $n = 1, 2, 3, \ldots, \infty$ stellen die dritte Quantenzahl dar, und aus der Tatsache, daß Gleichung (2.35) von l und m_l unabhängig ist, ist ersichtlich, daß diese die wichtigste aller Quantenzahlen ist. Man nennt sie die *Hauptquantenzahl*. Sie gibt uns nicht nur Auskunft über die Energie eines bestimmten Elektrons, sondern es ergibt sich auch, daß sich der wahrscheinlichste Aufenthaltsort jedes Elektrons in einer Entfernung von etwa $n^2\,a$ vom Kern befindet. Diese Quantenzahl gibt deshalb auch Aufschluß über die *Größe* einer Elektronenwolke.

Fassen wir nun noch einmal die Haupteigenschaften der drei Quantenzahlen kurz zusammen.

a) Die *Hauptquantenzahl* $n = 1, 2, 3, \ldots, \infty$ sagt uns, in welchem quantisierten *Energieniveau* sich ein Elektron befindet. Das niedrigste Energieniveau ist gegeben durch $n = 1$, das nächste durch $n = 2$, u. s. w. Die Quantenzahl sagt auch etwas über die Ausdehnung der Elektronenwolke um den Kern aus.

b) Die *Drehimpuls-* oder *azimutale* Quantenzahl $l = 0, 1, \ldots, n - 1$. Die Quantenzahl wurde als Maß für die Periodizität der Wellenfunktion in Θ eingeführt. Wir haben jedoch gesehen, daß sie auch etwas über den Drehimpuls des Elektrons aussagt. Elektronen mit $l \neq 0$ kommen nie nahe an den Kern heran, und wir stellen fest, daß die Form der Elektronenwolke tatsächlich durch die verschiedenen Werte von l charakterisiert wird.

c) Die *magnetische* Quantenzahl $m_l = 0, \pm 1, \pm 2, \ldots, \pm l$. Diese Quantenzahl gibt die Zahl der Wellenlängen der Wellenfunktion an, wenn sich φ um 360° ändert. Sie ist eng mit dem l-Wert verknüpft, und es läßt sich zeigen, daß sie die Komponente des Drehimpulses in eine vorgegebene Richtung angibt.

Es gibt drei weitere Punkte, die Quantenzahlen betreffend, auf die wir zum Abschluß eingehen sollten:

a) Eine gebräuchliche Ausdrucksweise ist es, die Zustände, für welche $l = 0$ ist, als s-Zustände zu bezeichnen. Ferner nennt man die, für welche $l = 1$ ist, p-Zustände, die, für die $l = z$ ist, d-Zustände und die, für welche $l = 3$ ist, f-Zustände. Der Zustand, für den $n = 3$ und $l = 2$ ist, wird dann $3\,d$ genannt — siehe Tabelle 2.1.

Tabelle 2.1 Bezeichnung der Elektronenzustände

n	l	Symbol
1	0	$1\,s$
2	0	$2\,s$
	1	$2\,p$
3	0	$3\,s$
	1	$3\,p$
	2	$3\,d$
4	0	$4\,s$
	1	$4\,p$
	2	$4\,d$
	3	$4\,f$

b) Während die *Größe* der Elektronenwolken von n abhängt, hängen ihre *Formen*, sowohl von l als auch von m_l ab. Wir haben bereits gesehen, daß die *Elektronendichteverteilung* für $l = m_l = 0$ (ein s-Zustand) kugelförmig ist (Bild 2.8). Die $2\,s$-Wolke ist auch kugelsymmetrisch, hat aber ihre maximale Wahrscheinlichkeit bei $5{,}2\,a$ anstatt bei a. Andererseits besitzen p-, d- und f-Zustände keine Kugelsymmetrie. Für jedes l gibt es im allgemeinen m_l verschiedene Elektronenverteilungen, und in Bild 2.8 zeigen wir die drei hantelförmigen Verteilungen, die man für $l = 1$ (p-Zustände) findet.

c) Es ist wichtig, darauf hinzuweisen, daß es eine ganze Anzahl experimenteller Ergebnisse gibt, die auf Grund dieser Theorie gedeutet werden können. Z. B. entstehen die verschiedenen Spektralserien, die beim Wasserstoff beobachtet werden, wenn ein Elektron, das in einen hohen Energiezustand ε_q angeregt wurde, in einen niedrigeren Energiezustand ε_p zurückfällt und bei diesem Prozeß ein Photon aussendet. Die Frequenz des Photons ist

$$\nu_{pq} = (\varepsilon_p - \varepsilon_q)/h\,,$$

die nach Gleichung (2.35)

$$\nu_{pq} = \frac{m\,e^4}{8\,\varepsilon_0^2\,h^2}\left(\frac{1}{p^2} - \frac{1}{q^2}\right) \tag{2.36}$$

ist. Diese Gleichung mit $p = 2$, $q = 3, 4, \ldots, \infty$ ergibt genau die Frequenzen eines Linienspektrums sichtbarer Wellenlängen von Wasserstoff (Balmer-Serie). Es gibt auch andere Serien, die im Ultraviolett ($p = 1$, $q = 2, 3, \ldots, \infty$) und im Infrarot ($p = 3$, $q = 4, 5, \ldots, \infty$; $p = 4$, $q = 5, 6, \ldots$, u. s.w.) beobachtet werden (siehe Bild 2.9).

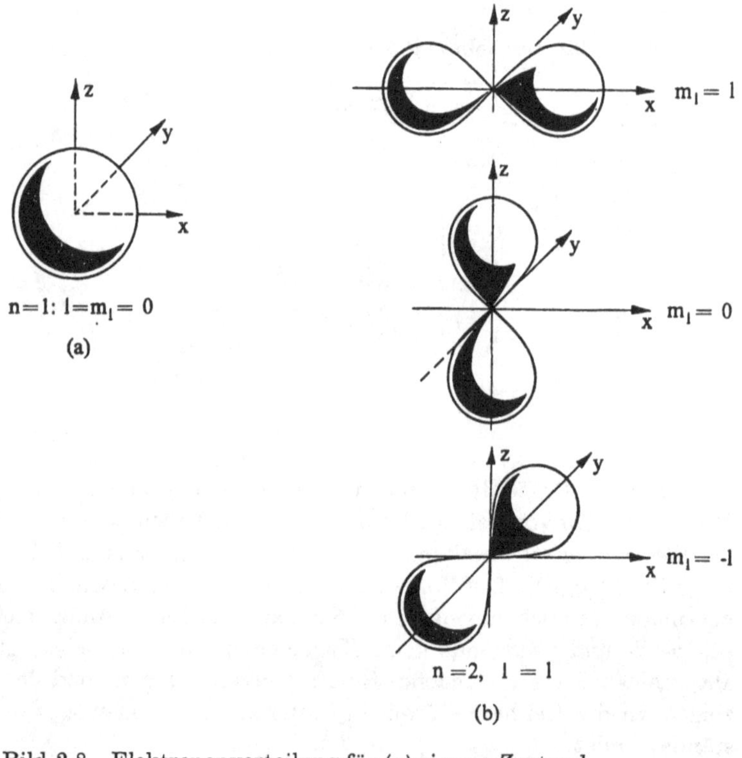

Bild 2.8 Elektronenverteilung für (a) einen s-Zustand, (b) einen p-Zustand

In der Tat stammen die meisten Unterlagen für das Verhalten der Elektronen in Atomen aus der Untersuchung von Atomspektren. Obgleich, wie wir gesagt haben, ein großer Teil dieser Unterlagen auf Grund der drei Quantenzahlen n, l und m_l gedeutet werden kann, reichen diese nicht aus. Um die Beschreibung zu vervollständigen, hielten es Spektroskopiker für erforderlich, eine vierte Quantenzahl zu postulieren, die wir jetzt behandeln.

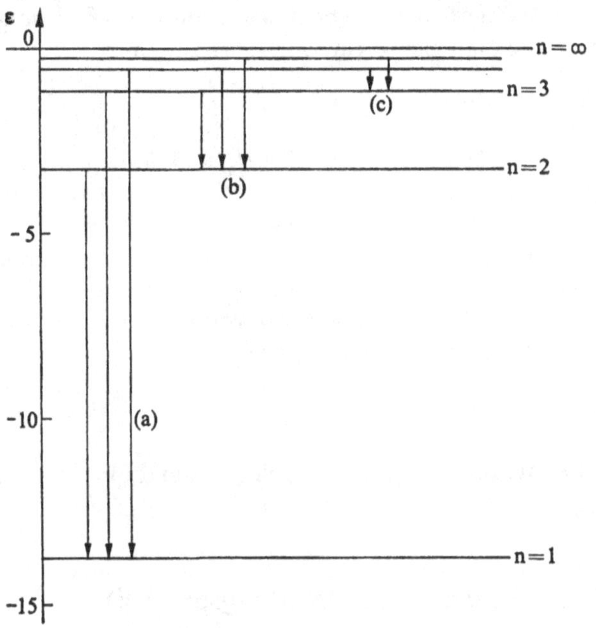

Bild 2.9 Die erlaubten Energieniveaus (in eV) des atomaren Wasserstoffs. Die dargestellten Übergänge entsprechen den ersten Linien (a) der LYMAN-Spektralserie (UV), (b) der BALMER-Spektralserie (sichtbar) und (c) der PASCHEN-Spektralserie (IR).

2.7 Die Spin-Quantenzahl

Wenn ein kollimierter Atomstrahl durch ein inhomogenes Magnetfeld geschickt wird, wird er symmetrisch zu der Richtung, die er im Feld Null hätte, aufgespalten. Dieses Experiment wurde zuerst von STERN und GERLACH (1922) mit Silberatomen durchgeführt. Es kann gedeutet werden, wenn wir annehmen, daß im Silber die Elektronen in der höchsten Umlaufbahn sich wie magnetische Dipole verhalten. Leider gibt es immer eine ungerade Anzahl von m_l-Werten, so daß, wenn das magnetische Moment von den umlaufenden Elektronen stammen würde, wir erwarten sollten, daß der Strahl in mindestens drei Komponenten aufgespalten wird.
Das Problem wurde von UHLENBECK und GOUDSMIT (1925) gelöst, die postulierten, daß ein Elektron sowohl „*spint*" als auch auf einer geschlossenen Bahn „umläuft". Der Drehimpuls S, der vom Spin herrührt, bezieht sich auf die *Spinquantenzahl* s in genau der gleichen Weise, in der L und l durch Gleichung (2.24) aufeinander bezogen sind; daher ist

$$S^2 = \frac{s(s+1)h^2}{4\pi^2}. \tag{2.37}$$

Wenn überdies ein Magnetfeld verwendet wird, um die z-Richtung zu definieren, dann ist die z-Komponente von S gegeben durch

$$S_z = \frac{m_s h}{2\pi}. \tag{2.38}$$

Es gibt jedoch nur *einen* Wert für s, nämlich $^1/_2$, und deshalb nur zwei Werte für m_s, nämlich $m_s = +^1/_2$ und $m_s = -^1/_2$. Außerdem haben diese keine Beziehung zu n, l und m. Die beiden möglichen Werte von m_s sind genau das, was man braucht, um das STERN-GERLACH-Experiment zu erklären.
Da es $(2\,l + 1)$ Werte von m_l für ein bestimmtes l, n Werte von l für ein bestimmtes n und für jeden Zustand zwei Werte von m_s gibt, sehen wir, daß die Gesamtzahl der Elektronenzustände für jedes n

$$2 \sum_{l=0}^{n-1} (2\,l + 1) = 2\,n^2$$

ist. Beim einfachen Wasserstoffatom hat jeder Zustand für ein bestimmtes n die gleiche Energie.

2.8 Das Pauli-Prinzip (Ausschließungsprinzip)

Alle Elemente außer Wasserstoff enthalten mehr als ein Elektron pro Atom. Im Wasserstoff befindet sich das einzige Elektron normalerweise im niedrigsten Energiezustand ($n = 1$). Es stellt sich aber heraus, daß wir kein Modell komplizierterer Atome entwickeln können, indem wir mehr und mehr Elektronen in diesen Grundzustand packen. Wieder ist zu sagen, daß klassische Vorstellungen nicht im atomaren Bereich anwendbar sind. Die Elektronen sind gemäß dem PAULI-*Prinzip* angeordnet: *In jedem atomaren System kann nur ein einziges Elektron den gleichen Satz von Quantenzahlen n, l, m_l und m_s haben.*

2.9 Mehrelektronenatome

Bei Atomen mit mehreren Elektronen macht es die komplizierte Form der Wechselwirkungen unmöglich, die SCHRÖDINGER-Gleichung exakt zu lösen. Im Heliumatom zum Beispiel, wo es zwei Elektronen gibt, die die Abstände r_1 und r_2 vom Kern und den Abstand r_{12} voneinander haben, ist das Potential

$$V(r) = -\frac{2\,e^2}{4\,\pi\,\varepsilon_0\,r_1} - \frac{2\,e^2}{4\,\pi\,\varepsilon_0\,r_2} + \frac{e^2}{4\,\pi\,\varepsilon_0\,r_{12}}. \tag{2.39}$$

Selbstverständlich muß die sich ergebende Wellenfunktion die Koordinaten beider Elektronen enthalten und wird deshalb eine ziemlich komplizierte Funktion von sechs Koordinaten sein. Man kann eine näherungsweise Lösung der SCHRÖDINGER-Gleichung in „nullter Näherung" erhalten, wenn man den Wechselwirkungsterm $e^2/4\,\pi\,\varepsilon_0\,r_{12}$ vernachlässigt. Die sich ergebende Wellenfunktion besteht aus Kombinationen zweier wasserstoffähnlicher Wellenfunktionen mit einem Satz von n-, l-, m_l- und m_s-Quantenzahlen für beide Elektronen. Zu einer besseren Annäherung an die richtige Lösung gelangt man mit Methoden der Störungsrechnung, jedoch bleiben die Hauptmerkmale der Lösung in „nullter Näherung“ (einschließlich der Quantenzahlen) erhalten.

Diese Methode ist selbst für Atome anderer Elemente mit einer großen Zahl von Elektronen pro Atom (hohe Ordnungszahl Z) vorteilhaft. Man findet, daß, wenn jedes Elektron etwa unter dem Einfluß eines Potentials des Typs $-Z\,e^2/4\,\pi\,\varepsilon_0\,r$ steht, die SCHRÖDINGER-Gleichung für $3\,Z$ Koordinaten wie für das Wasserstoffatom gelöst und *jedem* der Z Elektronen ein Satz Quantenzahlen n, l, m_l und m_s zugeordnet werden kann. Selbstverständlich gibt es Unterschiede zum einfachen Wasserstoffatom. Zum Beispiel stellt sich heraus, daß die Energie eines Elektrons sowohl von n als auch von l abhängt, so daß nicht alle der $2\,n^2$ Energieniveaus, die einem vorgegebenen Wert von n entsprechen, genau die gleiche Energie haben. Trotzdem sind die wasserstoffähnlichen Lösungen überraschend gut, und man kann mit Hilfe der Quantenzahlensätze und des PAULI-Prinzips eine Tabelle der Elemente aufstellen; wir sehen uns jetzt an, wie das gemacht wird.

2.10 Das Periodische System

Für jedes n ist die Gesamtzahl der Elektronenzustände $2\,n^2$. Da jedes Elektron den Zustand niedrigster verfügbarer Energie besetzen wird, wird sich die Elektronenstruktur der Atome mit zunehmendem Atomgewicht entsprechend der Tabelle 2.2 entwickeln. Es ist bekannt, daß gewisse Elemente sehr ähnliche chemische Eigenschaften aufweisen, und aus der Tabelle entnehmen wir, daß derartige Elemente ähnliche äußere Elektronenkonfigurationen besitzen. Z. B. haben die Edelgase Helium ($Z = 2$), Neon ($Z = 10$), Argon ($Z = 18$) alle äußere Elektronenzustände, die voll besetzt sind; die Alkalimetalle Lithium ($Z = 3$) und Natrium ($Z = 11$) haben beide ein äußeres s-Elektron. Eine Tabelle der Elemente, in der Weise geschrieben, daß ähnliche Elemente in Spalten angeordnet sind, wird *Periodisches System* genannt. (Die hochgestellte Zahl beim l-Symbol jedes Zustandes gibt die Anzahl der Elektronen in diesem Zustand an. Die Bezeichnung für die Elektronenkonfiguration von Argon ist deshalb $1\,s^2\,2\,s^2\,2\,p^6\,3\,s^2\,3\,p^6$).

Bei Elementen mit höherer Ordnungszahl besetzen die Elektronen die verschiedenen Zustände nicht immer auf ganz so einfache Weise wie bei den ersten 18 Elementen; beim Natrium ($Z = 19$) z. B. besetzt das äußere Elektron eher den $4\,s$- als den $3\,d$-Zustand, weil der erstere niedrigere Energie besitzt. Trotzdem werden die Hauptmerkmale des Periodischen Systems gut in dem Teil dargestellt, der in Tabelle 2.2 gezeigt wird. Wie wir in Kapitel 5

Tabelle 2.2 Elektronenzustände für $Z = 1$ bis $Z = 18$

Z	Element	$n=1$	$n=2$		$n=3$		
		s	s	p	s	p	d
1	H	1					
2	He	2					
3	Li	2	1				
4	Be	2	2				
5	B	2	2	1			
6	C	2	2	2			
7	N	2	2	3			
8	O	2	2	4			
9	F	2	2	5			
10	Ne	2	2	6			
11	Na	2	2	6	1		
12	Mg	2	2	6	2		
13	Al	2	2	6	2	1	
14	Si	2	2	6	2	2	
15	P	2	2	6	2	3	
16	S	2	2	6	2	4	
17	Cl	2	2	6	2	5	
18	A	2	2	6	2	6	

erfahren werden, gibt uns die Anordnung der Elemente entsprechend dem Periodischen System einen wichtigen Schlüssel für das Verständnis ihrer elektrischen Leitfähigkeit in die Hand.

2.11 Zusammenfassung

Das Studium der elektrischen Leitung in Festkörpern bedeutet das Studium der Elektronen in Festkörpern. Zur Vorbereitung haben wir das Verhalten der Elektronen im freien Atom im Detail untersucht. Elektronen weisen sowohl teilchenartiges als auch wellenartiges Verhalten auf, wie es einerseits die EINSTEINsche Gleichung ($\varepsilon = h\,\nu$), andererseits die DE BROGLIE-Beziehung ($p = h/\lambda$) zeigt; beide werden experimentell überzeugend bestätigt. Die Eigenschaften atomarer Teilchen — und insbesondere die von Elektronen — werden deshalb von Teilchenwellen beschrieben, die den Gesetzen der Wellenmechanik gehorchen.

Im Mittelpunkt der Wellenmechanik steht die SCHRÖDINGER-Gleichung (Gleichung 2.8), eine Differentialgleichung für die Wellenfunktionen, mit Lösungen, die unter Umständen nur für diskrete Energiewerte existieren. Die Wahrscheinlichkeit, ein Elektron in einem Volumen dv zu finden, ist gegeben durch $|\psi|^2\,dv$, so daß ein Elektron in einem bestimmten Bereich „lokalisiert“ werden kann, indem man die SCHRÖDINGER-Gleichung löst. Wieviel wir je über ein atomares Teilchen erfahren können, ist jedoch grundsätzlich beschränkt.

Es ist möglich, entweder seinen Ort oder seinen Impuls mit hoher Genauigkeit zu kennen, jedoch nicht beides zugleich. Dies nennt man die HEISENBERGsche Unschärferelation.

Das einfachste Atom, das in allen Einzelheiten studiert werden kann, ist das Wasserstoffatom. Elektronen in Wasserstoff – und tatsächlich in jedem Atom – werden durch vier Quantenzahlen n, l, m_l und m_s beschrieben, die als Hauptquantenzahl, Drehimpulsquantenzahl, magnetische Quantenzahl bzw. Spinquantenzahl bezeichnet werden. Die Zahlen sind nicht voneinander unabhängig, und für jedes n gibt es insgesamt $2\,n^2$ Elektronenzustände. In jedem atomaren System kann nur ein Elektron den gleichen Satz von Quantenzahlen besitzen – das PAULI-Prinzip. In allen Atomen außer Wasserstoff – das heißt, Atomen mit mehr als einem Elektron – baut sich infolgedessen die Elektronenstruktur in periodischer Weise auf (siehe Tabelle 2.2) und „erklärt“ so das Periodische System. Dieses Schema wurde in Zusammenhang mit den chemischen Eigenschaften der Elemente entwickelt; wir werden erfahren, daß es auch sehr wichtig für ihre elektrischen Eigenschaften ist.

Ergänzende Literatur

FEYNMAN, R. P., LEIGHTON, R. B., SANDS, M., Lectures on Physics, Vol. III, Addison-Wesley Publishing Co. Inc., New York, R. Oldenbourg, München, 1971.

GURNEY, R. W., Elementary Quantum Mechanics, Cambridge University Press, 1934.

HERZBERG, G., Atomic Spectra and Atomic Structure, Dover Publications Inc., New York, 1944.

LEIGHTON, R. B., Principles of Modern Physics, McGraw-Hill Book Co., New York and London, 1959.

LOTHIAN, G. F., Electrons in Atoms, Butterworths, London, 1963.

OSGOOD, T. H., RUARK, A. E., HUTCHISSON, E., Atoms, Radiation, and Nuclei, John Wiley and Sons, New York and London, 1964.

SANDERS, J. H., The Fundamental Atomic Constants, Oxford University Press, 1965.

TOMLIN, D. H., Fundamentals of Atomic Physics, Blackie and Sons Ltd., London and Glasgow, 1966.

Aufgaben

2.1 Welche Größenordnung hat die Energie in Joules, die einem Quant folgender elektromagnetischer Wellen entspricht: (a) 1 Meter-Radiowellen; (b) Infrarot-(Wärme-)Strahlung; (c) gelbes Natriumlicht; (d) Röntgenstrahlen; (e) γ-Strahlen? Man gebe die Energien, die man bei (a) und (e) erhält, in Elektronenvolt an.

2.2 Die Ablösearbeit für Caesium ist $3 \cdot 10^{-19}$ J. Welches kritische elektrische Potential muß angelegt werden, um Photoelektronen gerade noch am Austritt aus der Caesiumplatte im Vakuum zu hindern, wenn diese mit Licht der Wellenlänge 2537 Å beleuchtet wird?
Welches ist die Wellenlänge des Lichts, das an einer ungeladenen Caesiumoberfläche gerade noch Photoemission hervorruft?

2.3 Welche DE BROGLIE-Wellenlängen sind mit folgenden Vorgängen verbunden: (a) ein Gramm Masse, die sich mit einer Geschwindigkeit von 10 $\mathrm{m\,s^{-1}}$ bewegt; (b) ein Proton, das über eine Potentialdifferenz von 1 V beschleunigt wird; (c) ein Elektron, das über eine Potentialdifferenz von 1 V beschleunigt wird; (d) ein Proton, das über eine Potentialdifferenz von 10 kV beschleunigt wird?

2.4 Der Ort eines Elektrons sei bis auf 1 Å genau bekannt. Wie groß ist die Unschärfe (a) seines Impulses; (b) seiner kinetischen Energie? Angenommen, ein Elektron in einem Wasserstoffatom befinde sich im Abstand a vom Kern; die Unschärfe seines Ortes sei aber auch durch a gegeben. Man drücke die Gesamtenergie des Elektrons (kinetische und potentielle Energie) in Termen von a aus und bestimme daraus die wahrscheinlichste Entfernung des Elektrons vom Kern.

2.5 Man bestimme den Energie-Grundzustand ($n = 1$) eines Elektrons in „Kästen" von der Länge (a) 1 m, (b) 1 Å.

2.6 (a) Welche kinetische Energie ist mit einem umlaufenden Elektron im p-Zustand ($l = 1$) verbunden? (b) In welchem Abstand vom Kern wäre die potentielle Energie gleich dem unter (a) erhaltenen Wert?

2.7 Man zeige, daß für ein Elektron im Grundzustand des Wasserstoffs die Wahrscheinlichkeit am größten ist, es im Abstand $r = \varepsilon_0 h^2/\pi m e^2$ vom Kern zu finden.

2.8 Die 2 s-Wellenfunktion des Wasserstoffs ist gegeben durch

$$\psi_{2s} = A\,(2 - r/a)\exp(-r/2a)\,,$$

wobei $A = (\pi\, 2^5 a^3)^{-1/2}$ ist und a den gleichen Wert hat wie in Aufgabe 2.7. Man skizziere den Verlauf der Wellenfunktion ψ_{2s} und der Wahrscheinlichkeitsdichte $|\psi_{2s}|^2 r^2$ in Abhängigkeit von r/a.

2.9 Wieviel Arbeit muß aufgewendet werden, um ein Elektron aus einem Wasserstoffatom zu entfernen, (a) wenn das Atom in seinem Grundzustand ist, (b) wenn es sich in einem angeregten Zustand befindet, der $n = 3$ entspricht?

2.10 Für die LYMAN-, BALMER- und PASCHEN-Spektralserie berechne man jeweils die Wellenlänge der Seriengrenze und die Linie der längsten Wellenlänge.

2.11 Man zeige, daß beim Wasserstoffatom die Zahl der Energiezustände, die von einem Elektron mit der Hauptquantenzahl n besetzt werden können, $2\,n^2$ ist.

2.12 Wie lautet die Bezeichnung der Elektronenkonfiguration folgender Atome in ihrem Grundzustand: Beryllium, Kohlenstoff, Natrium, Chlor, Nickel, Krypton und Uran?

3. *Die kinetische Gastheorie*

Die Eigenschaften leitender Festkörper werden am einfachsten gedeutet durch die Theorie der freien Elektronen in Metallen, nach der ein Metall oder Halbleiter aus einem ,,Kasten" besteht, der ein freies Elektronengas enthält. Dieses Modell wird die Grundlage für unsere Diskussion in den Kapiteln 6 bis 9 bilden, als Vorbereitung jedoch werden wir dieses Gas mit anderen, gewöhnlichen Gasen vergleichen und die Unterschiede zwischen ihnen zeigen. In diesem Kapitel werden wir deshalb ein Modell aufstellen, das es uns ermöglicht, (a) beobachtbare Eigenschaften des Gases wie Druck und Temperatur in Begriffen, die das atomare Verhalten beschreiben, zu verstehen, und (b) zu erkennen, wie mit Hilfe dieser Vorstellungen Leitungsphänomene der Gasmoleküle erklärt werden können.

Die Hypothese, daß ein Gas aus Atomen oder Molekülen in ungeordneter Bewegung besteht, wurde erstmals von HOOKE im 17. Jahrhundert formuliert. Jedoch wurde diese Vorstellung erst durch die Arbeiten von JOULE, CLAUSIUS und MAXWELL in der Mitte des 19. Jahrhunderts endgültig bewiesen. Ihre Leistung war es, das Modell in mathematische Form zu bringen und damit die Basis für die *kinetische Gastheorie* zu schaffen — ,,Ein einfaches Modell der Gase, das von den einfachen Bewegungsgleichungen Gebrauch macht."

Die Postulate der Theorie lauten:

a) Gasmoleküle verhalten sich, als seien sie harte, glatte und elastische Kugeln, die in allen Gasen bis auf ihre unterschiedlichen Massen gleich sind.
b) Gasmoleküle befinden sich ständig in ungeordneter Bewegung, sie stoßen miteinander und mit der Wand des sie einschließenden Behälters zusammen.
c) Gasmoleküle üben aufeinander keinerlei Anziehung aus.
d) Der Raum, den die Moleküle einnehmen, ist sehr klein, verglichen mit dem Volumen des sie einschließenden Behälters.

Es ist möglich, viele der physikalischen Eigenschaften von Gasen auf Grund dieser vier Postulate zu diskutieren, und wir werden jetzt diejenigen Parameter etwas eingehender betrachten, die für unser Studium der freien Elektronen besonders wichtig sind.

3.1 Druck

Wenn ein Gasmolekül der Masse m mit der Geschwindigkeit v_1 auf die Wand seines Behälters auftrifft, wird der Impuls des Moleküls jäh geändert. Wenn wir als x-Richtung die Richtung senkrecht zur Wand bezeichnen und wenn wir annehmen, daß der Stoß elastisch ist, so daß beim Zusammenstoß keine Energie verloren geht, dann gilt:

Die Impulskomponente senkrecht zur Wand ist vor dem Stoß $m\,v_{1x}$. Nach dem Stoß ist die Impulskomponente senkrecht zur Wand $-\,m\,v_{1x}$. Daher ist beim Stoß die Impulsänderung senkrecht zur Wand $2\,m\,v_{1x}$.

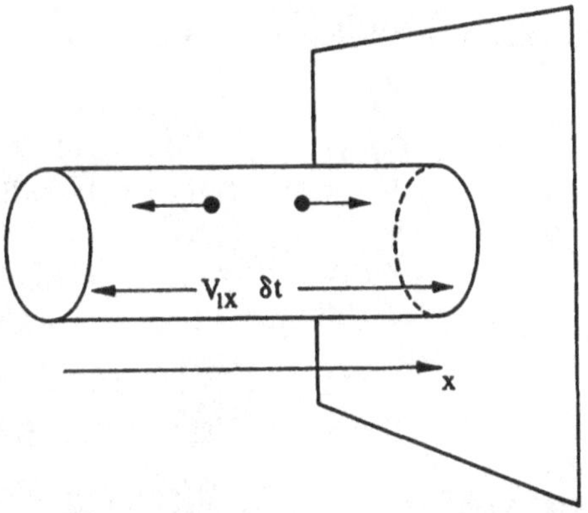

Bild 3.1 Im Zeitintervall δt wird die Hälfte der Moleküle im Zylinder mit der Geschwindigkeit v_{1x} auf die Wand treffen.

Wir nehmen jetzt weiter an, daß es N_{1x} Moleküle pro Volumeinheit mit v_{1x} als x-Komponente der Geschwindigkeit gibt. In einem Zylinder, dessen Abschluß ein Flächenstück der Wand von der Größe eins bildet und der in x-Richtung um $v_{1x}\,\delta t$ aus der Wand herausragt (Bild 3.1), gibt es deshalb $N_{1x}\,v_{1x}\,\delta t$ Moleküle. In einer Zeit δt wird die Hälfte davon auf die Wand treffen, während der Rest sich in der entgegengesetzten Richtung bewegt. Die Zahl der Moleküle mit der Geschwindigkeit v_{1x}, die pro Zeiteinheit auf die Wand auftreffen, ist deshalb $1/2\;N_{1x}\,v_{1x}$.

Der mittlere Druck p_{1x}, der von diesen Molekülen in x-Richtung ausgeübt wird, ist durch die Größe der Impulsänderung pro Flächeneinheit gegeben, so daß

$$p_{1x} = 2\,m\,v_{1x} \times \tfrac{1}{2}\,N_{1x}\,v_{1x} = m\,N_{1x}\,v_{1x}^2 \tag{3.1}$$

ist.

Der Gesamtdruck p_x muß die Summe über eine Reihe von Termen ähnlich p_{1x} sein. Auf den ersten Blick scheint es so, als müßten wir Genaueres über die

Zahl der Moleküle bei jeder Energie wissen, um mit der Berechnung fortzufahren. Aber die Stärke der Methode der kinetischen Theorie liegt darin, daß sie diese Schwierigkeiten umgeht, indem sie mit Mittelwerten arbeitet. Daher ist die x-Komponente des mittleren Geschwindigkeitsquadrates

$$\overline{v_x^2} = \sum_N N_{1x}\, v_{1x}^2/N\,,$$

wenn N die *Gesamtzahl* der Teilchen pro Volumeinheit ist. Deshalb ist

$$p_x = \sum_N p_{1x} = \sum_N m\, N_{1x}\, v_{1x}^2 = m\, N\, \overline{v_x^2}\,. \tag{3.2}$$

Die Berechnung gilt gleichermaßen für die y- und z-Richtung, so daß

$$p_x = m\, N\, \overline{v_x^2}; \qquad p_y = m\, N\, \overline{v_y^2}; \qquad p_z = m\, N\, \overline{v_z^2} \tag{3.3}$$

ist. Es ist jedoch aus Experimenten wohlbekannt, daß $p_x = p_y = p_z$ ist und aus Gleichung (3.3) daher

$$\overline{v^2} = \overline{v_x^2} + \overline{v_y^2} + \overline{v_z^2} = 3\, \overline{v_x^2}$$

folgt. Der Druck p in irgendeiner beliebigen Richtung ist deshalb gegeben durch

$$p = \tfrac{1}{3} N\, m\, \overline{v^2}\,. \tag{3.4}$$

3.2 Temperatur

Körper nähern sich der gleichen *Temperatur* an, wenn sie lange Zeit miteinander in Berührung gewesen sind. Wir können deshalb zu einer Beziehung zwischen Druck und Temperatur gelangen (und nebenbei zeigen, daß die wohlbekannte Zustandsgleichung der idealen Gase $p\, V = R\, T$ mit Argumenten aus der kinetischen Theorie hergeleitet werden kann), indem wir die Bedingungen für das Gleichgewicht betrachten, wenn zwei Gase sich an entgegengesetzten Enden eines geschlossenen Behälters befinden und durch einen beweglichen Kolben voneinander getrennt sind.
Wir nehmen jetzt an, daß die Masse, die Wurzel aus dem mittleren Geschwindigkeitsquadrat und die Molekülzahl pro Volumeinheit für die beiden Gase m_1, $\bar{v}_1$, N_1 bzw. m_2, $\bar{v}_2$, N_2 seien. Die Bedingungen für das Gleichgewicht sind dann:

a) Der Kolben wird sich solange bewegen, bis die Drucke gleich sind, so daß nach Gleichung (3.4) gilt:

$$N_1\, m_1\, \overline{v_1^2} = N_2\, m_2\, \overline{v_2^2}\,. \tag{3.5}$$

b) Der Kolben wird durch eine Anzahl von Impulsen bewegt, so daß ein relativ großer molekularer Impuls aus, sagen wir, Gas 1 über den Kolben auf Gas 2 übertragen wird. In Wirklichkeit werden sich die Geschwindigkeiten

der Moleküle einander angleichen, bis die mittleren kinetischen Energien beider Molekülmengen und des Kolbens einander gleich sind.
Das heißt

$$\frac{1}{2} m_1 \overline{v_1^2} = \frac{1}{2} m_2 \overline{v_2^2} . \tag{3.6}$$

Die zweite Bedingung bedeutet, daß die mittlere kinetische Energie $\overline{K}$ eines Gases vom *Typ* des Gases unabhängig und nur eine Funktion seiner *Temperatur* ist; das heißt, die längere Zeit miteinander in Berührung sind, haben die gleiche mittlere kinetische Energie. Es ist daher möglich, eine Temperatur T so zu definieren, daß

$$\overline{K} = C\,T \tag{3.7}$$

ist.
Wir weisen darauf hin, daß eine Kombination der Gleichungen (3.5) und (3.6) zu dem Ergebnis führt, daß, wenn zwei Gase gleiche Temperatur und gleichen Druck haben, N_1 gleich N_2 sein muß. Diese allgemeine Schlußfolgerung ist als Gesetz von AVOGADRO bekannt.

3.3 Die Zustandsgleichung und die Boltzmann-Konstante

Wenn N_t die Gesamtzahl der Moleküle in einem Behälter vom Volumen V ist, dann ist $N_t = N\,V$ und aus Gleichung (3.4) ergibt sich

$$p\,V = \frac{1}{3} N_t\, m\, \overline{v^2} . \tag{3.8}$$

Da $m\,\overline{v^2}/2$ ($= \overline{K}$) nur von der Temperatur des Gases abhängt, folgt, daß Gleichung (3.8) in der kinetischen Theorie dem Gesetz von BOYLE und MARIOTTE entspricht.
Die Gesamtenergie dieser N_t Moleküle ist $\frac{1}{2}\,N_t\; m\,\overline{v^2}$, so daß nach Gleichung (3.8)

$$\text{die gesamte kinetische Energie} = \frac{3}{2}\,p\,V \tag{3.9}$$

ist. Wenn wir die Gleichungen (3.7) und (3.9) kombinieren, erhalten wir deshalb

$$p\,V = \frac{2}{3}\,N_t\,C\,T\,, \tag{3.10}$$

was genau die gleiche Form hat wie die Zustandsgleichung $p\,V = R\,T$.
Ein *Kilogrammol* oder *Kilomol* irgendeiner Substanz – fest, flüssig oder gasförmig – besteht aus A kg der Substanz, wobei A ihr Molekulargewicht ist. Da A proportional der Molekularmasse ist, muß ein Kilomol einer Substanz die gleiche Zahl Moleküle enthalten wie ein Kilomol einer anderen; diese Zahl wird LOSCHMIDTsche Zahl[1]) $N_A = 6{,}03 \cdot 10^{26}$ Kilomol^{-1} genannt. Außer-

[1]) Wird auch AVOGADROsche Zahl genannt.

dem entnehmen wir AVOGADROS Hypothese, daß ein Kilomol irgendeines Gases unter Normalbedingungen ein bestimmtes Volumen einnehmen wird (22,4 m^3). Daher muß in der Gleichung $p\,V = R\,T$ für ein bestimmtes p und T die Größe R für ein Kilomol jedes beliebigen *Gases* den gleichen Wert haben, nämlich $R = 8317$ J grd^{-1} $Kilomol^{-1}$.

Wenn wir die Gleichung (3.10) mit der klassischen Zustandsgleichung der idealen Gase, $p\,V = R\,T$, vergleichen, sehen wir, daß die Konstante C in Gleichung (3.7) $3R/2N_t$ ist. Das Verhältnis R/N_t ist eine universelle Konstante, die BOLTZMANN-*Konstante* k genannt wird. Numerisch wird sie sehr einfach ermittelt, wenn man ein Kilomol Gas betrachtet, wodurch sich

$$R/N_t = 8317/6{,}03 \times 10^{26}$$

$$= 1{,}38 \times 10^{-23} \text{ J deg}^{-1}$$

oder

$$= 8{,}62 \times 10^{-5} \text{ eV deg}^{-1}$$

ergibt.

Die mittlere kinetische Energie, die von der thermischen Bewegung eines Moleküls irgendeines Gases (einschließlich eines Elektronengases) herrührt, ist deshalb gegeben durch $\overline{K} = 3/2\;kT$ (Gleichung 3.7) oder – in grober, aber nützlicher Näherung – durch $\overline{K} \approx kT$. Bei Raumtemperatur, bei der $T \approx 300$ °K ist, ist diese *thermische Energie* deshalb etwa 1/40 eV.

3.4 Mittlere freie Weglänge

Typische Werte der Wurzel aus dem mittleren Geschwindigkeitsquadrat eines Gasmoleküls bei Raumtemperatur liegen entsprechend der Gleichung (3.4) in der Größenordnung von einigen hundert Metern in der Sekunde. Gleichzeitig entspricht es allgemeiner Erfahrung, daß, wenn etwas Leuchtgas in einer Ecke eines Raumes freigesetzt wird, es Minuten dauern kann, bis es die anderen drei Ecken erreicht. Die Abschätzung der Geschwindigkeit kann mit dieser Tatsache nur in Einklang gebracht werden, wenn wir annehmen, daß die Leuchtgasmoleküle sich nicht direkt durch die Luft fortbewegen, sondern in Zick-Zack-Weise wandern, wobei sie unterwegs mit Luftmolekülen zusammenstoßen. Der bei der Beschreibung dieser Bewegung wichtige Parameter ist die mittlere Entfernung zwischen den Stößen oder die *mittlere freie Weglänge.*

Wir betrachten ein Gas, das aus N Molekülen pro Volumeneinheit besteht, deren jedes den Durchmesser D und die mittlere Geschwindigkeit $\bar{s}$ aufweist. (Bei diesem Problem ist es günstiger, die mittlere Geschwindigkeit $\bar{s}$ zu betrachten, als die Wurzel aus dem mittleren Geschwindigkeitsquadrat $\bar{v}$. Die Unterscheidung ist jedoch nicht wichtig, und auf jeden Fall sind die beiden beinahe gleich, da $\bar{s} = (8/3\,\pi)^{1/2}\,\bar{v}$ ist (siehe Kap. 4.2).) Bewegt sich

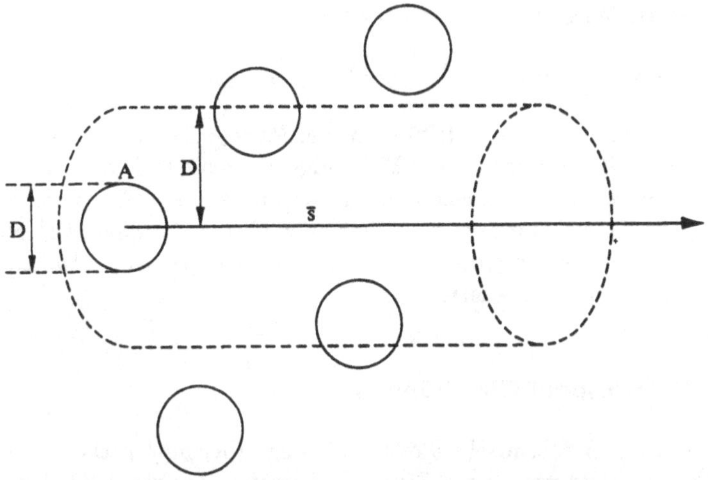

Bild 3.2 Molekül A stößt mit allen Molekülen innerhalb eines Zylinders vom Radius D zusammen, wobei D der Moleküldurchmesser ist.

irgendein Molekül durch das Gas, so wird es im Mittel mit allen anderen Molekülen zusammenstoßen, die sich in einem zylindrischen Volumen vom Radius D um die Bahn des Moleküls als Achse befinden (siehe Bild 3.2). Da sich jedes Molekül pro Zeiteinheit im Durchschnitt um die Entfernung $\bar{s}$ weiterbewegt, muß das betrachtete Molekül pro Sekunde mit $\pi D^2 \bar{s} N$ anderen Molekülen zusammenstoßen. Die mittlere freie Weglänge L ist gegeben durch das Verhältnis der mittleren Geschwindigkeit zur Zahl der Zusammenstöße pro Sekunde, so daß

$$L = \frac{\bar{s}}{\pi D^2 \bar{s} N} = \frac{1}{\pi D^2 N} \qquad (3.11)$$

ist. Wir stellen fest, daß wegen $p \approx N$ (Gleichung 3.4)

$$L \sim \frac{1}{p} \qquad (3.12)$$

ist.

Offensichtlich ist das Modell, das zur Herstellung von Gleichung (3.11) verwendet wurde, sehr roh, jedoch ist diese Einfachheit das Wesentliche an der Methode der kinetischen Theorie. Es kann jedoch auch gezeigt werden, daß eine verfeinerte Behandlung des Problems, bei der der Verteilung der Molekülgeschwindigkeiten um einen Mittelwert herum Rechnung getragen wird, nur zu einem Ausdruck für L mit der gleichen funktionalen Abhängigkeit wie in Gleichung (3.11) führt, jedoch mit einer anderen Konstante als π.

Die obige Darlegung kann dahingehend erweitert werden, daß sie das Problem einschließt, daß Moleküle mit der Masse m_1 durch ein zweites Gas aus Molekülen mit der Masse m_2 diffundieren. Die mittlere freie Weglänge der Moleküle mit der Masse m_1 ist gegeben durch

$$L_{12} = \frac{1}{\pi (r_1 + r_2)^2 N_2} \left(\frac{m_2}{m_1 + m_2} \right)^{1/2}, \tag{3.13}$$

wobei N_2 die Dichte der Moleküle mit der Masse m_2 ist und r_1 bzw. r_2 die entsprechenden Radien der beiden Molekülgruppen sind. Dieser Ausdruck wird bei der Untersuchung der elektrischen Leitung in Metallen verwendet werden (siehe Kap. 8), weil wir dort die Elektronen als eine Gruppe von „Molekülen“ darstellen können, die durch eine zweite Gruppe von „Molekülen“, die positiven Ionen, diffundiert.

3.5 Transport-Gleichungen

Elektrische und thermische Leitfähigkeiten, thermoelektrische Erscheinungen und die Änderung dieser Eigenschaften in einem magnetischen Feld sind insgesamt als *Transporteigenschaften* bekannt, da alle verbunden sind mit dem *Transport* entweder von Ladung oder Energie von einem Bereich eines Festkörpers zu einem anderen. Im Hinblick auf ein Modell, das wir für die Leitungsvorgänge in Festkörpern aufstellen wollen, ist es deshalb angebracht, bei der Diskussion der Gase ihre Transporteigenschaften zu diskutieren.
In einem Gas gibt es drei allgemeine Transporteigenschaften – Diffusion, Wärmeleitung und Viskosität. Diese kommen zustande, weil

a) die *Dichte* der Moleküle an einem Ort größer als an einem anderen Ort sein kann. Die Dichten werden sich durch *Diffusion* einander angleichen;
b) die *kinetische Energie* der Moleküle (oder Temperatur) an einem Ort größer sein kann als an einem anderen. Die Energien werden sich durch die *Wärmeleitung* einander angleichen;
c) die *Driftgeschwindigkeit* (oder resultierende Geschwindigkeit) einer Gruppe von Molekülen kann an einem Ort größer sein als an einem anderen. Die Geschwindigkeiten werden sich auf Grund der *Viskosität* einander angleichen.

Für jeden dieser drei Prozesse kann man einen Transportkoeffizienten auf ähnliche Weise erhalten. Der Anschaulichkeit wegen werden wir den Diffusionskoeffizienten eines Gases in Termen der geeigneten mikroskopischen Parameter herleiten.

3.5.1 *Diffusion* Wir betrachten ein Gas (bei einheitlicher Temperatur), in welchem in x-Richtung ein *Konzentrationsgradient* $\mathrm{d}N/\mathrm{d}x$ besteht. Beständig wird eine bestimmte Anzahl von Molekülen sowohl den Gradienten hinauf als auch hinunter wandern, und das Problem besteht darin, im Gleichgewichtszustand die Anzahl zu finden, die pro Zeiteinheit durch die Fläche senkrecht zur x-Achse tritt (siehe Bild 3.3). Die Moleküle, die die Fläche A von beiden Seiten her passieren, werden im Mittel eine Entfernung L, die mittlere freie

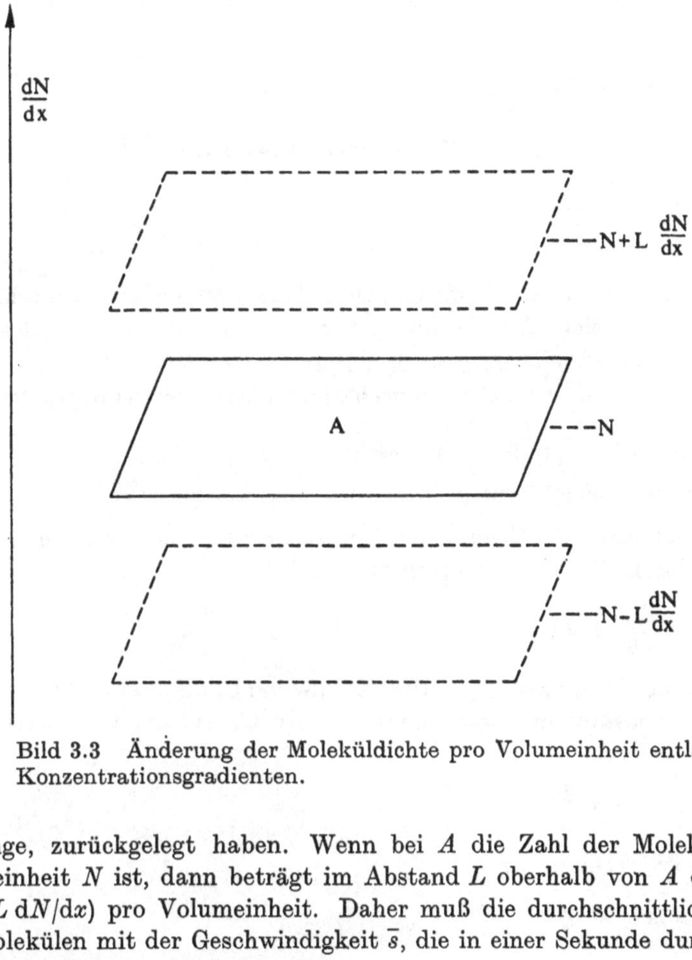

Bild 3.3 Änderung der Moleküldichte pro Volumeinheit entlang dem Konzentrationsgradienten.

Weglänge, zurückgelegt haben. Wenn bei A die Zahl der Moleküle pro Volumeinheit N ist, dann beträgt im Abstand L oberhalb von A die Zahl $(N + L\,\mathrm{d}N/\mathrm{d}x)$ pro Volumeinheit. Daher muß die durchschnittliche Zahl von Molekülen mit der Geschwindigkeit $\bar{s}$, die in einer Sekunde durch A in Richtung nach unten hindurchtreten,

$$\frac{1}{6}\bar{s}\,A\left(N + L\frac{\mathrm{d}N}{\mathrm{d}x}\right)$$

sein, da im Mittel ein sechstel aller Moleküle sich in $-x$-Richtung bewegen wird. In ähnlicher Weise erhält man für die Zahl der Moleküle, die A in einer Sekunde in Richtung nach oben passieren,

$$\frac{1}{6}\bar{s}\,A\left(N - L\frac{\mathrm{d}N}{\mathrm{d}x}\right).$$

Daher ist die resultierende Anzahl der Moleküle $\dot{N}$, die pro Sekunde durch A in Richtung nach oben hindurchtritt, gegeben durch

$$\dot{N} = -\frac{1}{3}\bar{s}\,A\,L\,\frac{\mathrm{d}N}{\mathrm{d}x}. \tag{3.14}$$

Dem FICKschen Gesetz der Diffusion zufolge wird der Diffusionskoeffizient D definiert durch

$$\dot{N} = -DA\frac{\mathrm{d}N}{\mathrm{d}x}, \tag{3.15}$$

so daß eine Verbindung der Gleichungen (3.14) und (3.15)

$$D = \tfrac{1}{3}\bar{s}L \tag{3.16}$$

ergibt.

3.5.2 *Wärmeleitung* Die beiden anderen Transportkoeffizienten erhält man auf genau die gleiche Art. Wenn wir z. B. ein Gas betrachten, in dem in der x-Richtung ein *Temperaturgradient* $\mathrm{d}T/\mathrm{d}x$ besteht, so ist die Wärme $\dot{Q}$, die pro Sekunde durch A tatsächlich nach unten übertragen wird, gegeben durch

Q = (Masse, die A pro Sekunde passiert)

× (spezifischer Wärme)

× (mittlerer Abweichung der Temperatur des Gases, das durch A hindurchtritt, von der Temperatur bei A)

$$= \frac{d\bar{s}A}{6} \times C_v \times 2L\frac{\mathrm{d}T}{\mathrm{d}x} = \frac{1}{3}d\bar{s}\,A\,C_v\,L\frac{\mathrm{d}T}{\mathrm{d}x}. \tag{3.17}$$

In dieser Gleichung ist d die mittlere Dichte und C_v die spezifische Wärme des Gases bei konstantem Volumen. Da der Koeffizient der thermischen Leitfähigkeit $\varkappa$ durch

$$\dot{Q} = \varkappa A\frac{\mathrm{d}T}{\mathrm{d}x}$$

definiert ist, erhalten wir

$$k = \frac{1}{3}d\bar{s}\,L\,C_v\,. \tag{3.18}$$

3.5.3 *Viskosität* Hier verfährt man ebenso: in einem Gas, in dem in x-Richtung ein *Geschwindigkeitsgradient* $\mathrm{d}v/\mathrm{d}x$ existiert, ist der resultierende Impuls $\dot{p}$, der in der Sekunde durch A nach unten übertragen wird, gegeben durch

$\dot{p}$ = (Masse, die pro Sekunde durch A hindurchtritt)

× (mittlerer Abweichung der Driftgeschwindigkeit eines Gases, das durch A hindurchtritt, von der Driftgeschwindigkeit bei A)

$$= \frac{\mathrm{d}\bar{s}A}{6} \times 2L\frac{\mathrm{d}v}{\mathrm{d}x} = \frac{1}{3}d\bar{s}\,A\,L\frac{\mathrm{d}x}{\mathrm{d}v}. \tag{3.19}$$

Die Viskosität η wird definiert durch

die tangentiale Kraft, die über A wirkt $= \dot{p} = \eta A\frac{\mathrm{d}v}{\mathrm{d}x}$, so daß

$$\eta = \frac{1}{3} d\bar{s}\, L \tag{3.20}$$

ist.

Das physikalische Prinzip, das in jedem der drei Fälle der Berechnung zugrunde liegt, ist, daß das Gas, durch A in Richtung *nach unten* hindurchtritt, höhere Volumdichte (oder Temperatur oder Geschwindigkeit) aufweist als das Gas bei A, und daß es dazu neigen wird, die Dichte unterhalb von A zu erhöhen. In ähnlicher Weise wird das Gas, welches in Richtung *nach oben* durch A hindurchtritt, bestrebt sein, die Dichte oberhalb von A herabzusetzen. Die Berechnung ergibt die Gradienten der Gleichgewichtsdichte, der Temperatur und der Geschwindigkeit, ausgedrückt in Termen der drei Transportkoeffizienten D, $\varkappa$ und η. Diese Koeffizienten hängen miteinander zusammen, da die Gleichungen (3.16) und (3.20)

$$D = \frac{\eta}{d} \tag{3.21}$$

ergeben, während Gleichung (3.18) mit Gleichung (3.20) kombiniert zu

$$\varkappa = \eta\, C_v \tag{3.22}$$

führt.

Soweit es Leitungsvorgänge in Metallen betrifft, erweist sich unmittelbar die Bedeutung von D und $\varkappa$. Die Ableitung der Gleichung (3.20) wurde einbezogen, weil diese Gleichung zu einem wichtigen Schritt bei der experimentellen Untersuchung von Atomen führt. Sie deutet eine mögliche Methode an, zu einem Wert für die mittlere freie Weglänge von Gasatomen oder -molekülen zu gelangen, und wenn wir diese erst einmal ermittelt haben, können wir Gleichung (3.11) verwenden, um den Atom- oder Moleküldurchmesser D zu bestimmen. Typische Werte für Sauerstoff unter Normalbedingungen sind $L \approx 10^{-7}$ m, was zu $D \approx 3$ Å führt.

3.5.4 *Gegenseitige Diffusion* Das Problem, daß Moleküle der Masse m_1 durch ein zweites Gas von Molekülen der Masse m_2 diffundieren, wurde kurz am Ende des Abschnitts 3.4 diskutiert. Gleichung (3.13) war ein Ausdruck für die mittlere freie Weglänge L_{12} solcher Moleküle. Dieser Vorgang, daß ein Gas durch ein anderes diffundiert, wird als gegenseitige Diffusion bezeichnet, und der Koeffizient D_{12} für die gegenseitige Diffusion ist gegeben durch

$$D_{12} = \frac{1}{3} \frac{N_1 L_{21} \bar{s}_2 + N_2 L_{12} \bar{s}_1}{N_1 + N_2}\,. \tag{3.23}$$

In diesem Ausdruck sind N_1 und N_2 die Zahlen der Atome pro Volumeinheit und $\bar{s}_1$ und $\bar{s}_2$ die entsprechenden mittleren Geschwindigkeiten der beiden Gase, während L_{21} und L_{12} durch Ausdrücke der Form (3.13) definiert sind.

3.5.5 *Verstärkte Diffusion* Obwohl in den vorhergehenden Abschnitten auf das Gas als ganzes auf verschiedene Weise Druck ausgeübt wurde, gab es keine äußeren Kräfte, die auf die einzelnen Moleküle wirkten. In vielen Fällen jedoch können diese Kräfte nicht vernachlässigt werden. Z. B. können wir ein Gas haben, das aus geladenen Ionen und ungeladenen Molekülen besteht, auf das wir ein elektrisches Feld einwirken lassen. Die Ionen werden dann an den anderen Molekülen vorbeidiffundieren, und das Problem besteht darin, ihre Driftgeschwindigkeit oder Endgeschwindigkeit zu berechnen. Eine solche Diffusion wird *verstärkte Diffusion* genannt, und es ist verständlich, daß auch dieser besondere Prozeß bei der Untersuchung der elektrischen Leitung in Festkörpern von Wichtigkeit sein wird.
Eine andere gebräuchliche Veranschaulichung dieses Diffusionstyps ist die Bewegung von Gasmolekülen in der Atmosphäre, in der sie durch die Schwerkraft herabgezogen werden. Wir werden dieses Beispiel etwas ausführlicher betrachten, obgleich es auf den ersten Blick ziemlich weit vom Studium der elektrischen Leitung in Festkörpern abzuliegen scheint, weil es gewisse gemeinsame Grundprinzipien gibt, die am einfachsten erklärt werden, indem man ein derart einfaches physikalisches System betrachtet.
Die Schwerkraft allein kann die Atmosphäre nicht im Gleichgewicht halten. Wenn es nicht irgendetwas gibt, was zum Ausgleich eine Strömung der Gasmoleküle nach oben bewirkt, wird die Atmosphäre einfach in sich zusammenbrechen. In der Tat wird die Atmosphäre durch die thermische Energie ,,aufrechterhalten", die die Moleküle aufnehmen, wenn sie auf die Erdoberfläche treffen. Die Moleküle werden den Boden mit einer thermischen Energie von etwa 1/40 eV verlassen, was einer Geschwindigkeit von etwa 400 m s^{-1} entspricht. Ein Molekül mit dieser Geschwindigkeit wird entgegen der Schwerkraft bis zu einer Höhe von 10 km aufsteigen, und wir ersehen daraus, warum die Höhe der Atmosphäre von der Größenordnung 10 km ist. Das betreffende Molekül wird natürlich nicht geradewegs nach oben fliegen, sondern bei seiner Aufwärtsbewegung eine Reihe von Zusammenstößen erfahren.
Gasmoleküle in der Atmosphäre sind deswegen zwei miteinander konkurrierenden Diffusionsprozessen ausgesetzt:

a) Gegenseitiger Diffusion, welche bestrebt ist, die Gase zu mischen.
b) Verstärkter Diffusion (aufgrund der Gravitationskraft), die dazu führt, daß das schwere Gas durch das leichte hindurchsinkt.

Ein Gleichgewichtszustand ist möglich, wenn die beiden Prozesse sich gegenseitig aufheben.
Betrachten wir Gas 1, von dem sich N_1 Moleküle in der Volumeinheit befinden, das durch das Gas 2 in der Atmosphäre hindurchdiffundiert. Die z-Achse definiere eine Richtung senkrecht zur Erdoberfläche, so daß die Schwerkraft die Moleküle in $-z$-Richtung beschleunigt. Da die Atmosphäre mit zunehmender Entfernung vom Boden immer dünner wird, wird der Konzentrationsgradient des Gases 1, $\mathrm{d}N_1/\mathrm{d}z$, auch in $-z$-Richtung weisen.

In einer Atmosphäre, die wir der Einfachheit halber als isotherm annehmen, ist die mittlere kinetische Energie $\overline{K}$ eines Gasmoleküls gegeben durch

$$\overline{K} = m_1 \overline{v_1^2}/2 = 3\,kT/2\,,$$

so daß aus Gleichung (3.4)

$$p = N_1\,kT$$

folgt. Daher ist

$$dp = kT\,\mathrm{d}N_1\,. \tag{3.24}$$

Wenn wir jetzt eine Gasschicht vom Querschnitt A senkrecht zu z von der Dicke dz betrachten, erkennen wir, daß der größere Druck am Boden der Schicht dazu führt, daß sie erhalten bleibt; das heißt,

$$\begin{aligned} -\,\mathrm{d}p\,A &= \text{Gewicht des Gases in der Schicht} \\ &= N_1\,m_1\,g\,A\,\mathrm{d}z \end{aligned}$$

oder

$$-\,\mathrm{d}p = N_1\,m_1\,g\,\mathrm{d}z\,, \tag{3.25}$$

wobei g die Erdbeschleunigung ist. (Das Minuszeichen macht deutlich, daß auch dp/dz in $-\,z$-Richtung weist.) Die Gleichgewichtsbedingung erhält man, indem man die Gleichungen (3.24) und (3.25) miteinander kombiniert zu

$$\frac{\mathrm{d}N_1}{\mathrm{d}z} = -\,\frac{N_1\,m_1\,g}{kT}\,. \tag{3.26}$$

Es stellt sich demnach heraus, daß die durch die Schwerkraft verstärkte Diffusion die gleiche Wirkung wie ein Konzentrationsgradient $N_1\,m_1\,g/kT$ hervorruft, so daß die Zahl der Moleküle des Gases 1, die pro Sekunde durch den Querschnitt A hindurchtreten,

$$\dot{N} = D_{12}\,A\,\frac{N_1\,m_1\,g}{kT} \tag{3.27}$$

sein muß, wobei D_{12} der Koeffizient für die gegenseitige Diffusion ist, der durch Gleichung (3.23) definiert wird.
Der Ausdruck kann verallgemeinert werden, wenn die Schwerkraft $m_1\,g$ durch eine Kraft F ersetzt wird, so daß man

$$\dot{N} = D_{12}\,A\,\frac{N_1\,F}{kT} \tag{3.28}$$

erhält. Insbesondere ist für ein Gas aus Ionen, deren jedes eine Ladung e trägt und das sich in einem elektrischen Feld der Stärke E befindet, die Anzahl der Ionen, die A pro Sekunde passieren, gegeben durch

$$\dot{N} = D_{12}\,A\,\frac{N_1\,e\,E}{kT}\,. \tag{3.29}$$

Da die mittlere Geschwindigkeit $\bar{s}$ der Moleküle oder Ionen durch $\dot{N} = N_1 A \bar{s}$ gegeben ist, folgt für eine allgemeine Kraft F, die auf die Moleküle wirkt,

$$\bar{s} = \frac{D_{12} F}{kT}, \tag{3.30}$$

während für ein elektrisches Feld E, das auf eine Gruppe von Ionen wirkt,

$$\bar{s} = \frac{D_{12}\, e\, E}{kT} \tag{3.31}$$

gilt. Diese letzte Gleichung ist von unmittelbarer Bedeutung für das Problem, den elektrischen Strom zu berechnen, das auftaucht, wenn in einem Festkörper ein Gradient in der Elektronenkonzentration besteht.

3.6 Zusammenfassung

Wir haben die kinetische Gastheorie diskutiert und Ausdrücke für den Druck und die Temperatur eines Gases in Termen der Masse, der Wurzel aus dem mittleren Geschwindigkeitsquadrat und der Zahl der Gasmoleküle pro Einheitsvolumen hergeleitet. Das brauchbarste Ergebnis, das in gleicher Weise auf ein gewöhnliches Gas, wie Sauerstoff, oder, wie wir sehen werden, auf ein „Gas“ aus Elektronen angewendet werden kann, ist, daß die mittlere thermische Energie pro „Molekül“ gegeben ist durch

$$K = \tfrac{3}{2} kT, \tag{3.32}$$

wobei k die Boltzmann-Konstante und T die absolute Temperatur ist. Diese einfache Gleichung sagt viel aus über das Verhalten der Elektronen in Festkörpern gegenüber einer Temperaturänderung.

Der Rest dieses Kapitels war einem Studium des spezielleren Problems der Transport- oder Leitungserscheinungen in Gasen gewidmet. Da in diesem Buch die Leitung durch Elektronengase behandelt wird, werden wir Gelegenheit haben, eine Anzahl der hergeleiteten Ausdrücke später zu verwenden. Insbesondere ist die Vorstellung einer mittleren freien Weglänge zwischen Zusammenstößen entscheidend für das Verständnis, wie der elektrische Widerstand zustande kommt. Z. B. werden wir in Kapitel 8 die Gleichung (3.11) verwenden, um den Widerstand eines Metalls bei tiefen Temperaturen zu berechnen.

Ergänzende Literatur

Boltzmann, L., Lectures on Gas Theory, University of California Press. Berkeley and Los Angeles, 1964.

Cowling, T. G., Molecules in Motion, Hutchinson, London, 1950.

FEYMAN, R. P., LEIGHTON, R. B., SANDS, M., Lectures on Physics Vol. I, Addison-Wesley Publishing Co. Inc., New York, 1963.
LOEB, L. B., The Kinetic Theory of Gases, Dover Publications Inc., New York 1961.
PARSONAGE, N. G., The Gaseous State, Pergamon Press, Oxford, 1966.
ROBERTS, J. K., MILLER, A. R., Heat and Thermodynamics, Blackie and Son, London and Glasgow, 1951.

Aufgaben

3.1 Man ermittle den Wert der Gaskonstante R pro Kilomol eines Gases, wenn das Volumen eines Kilomols aller Gase unter Normalbedingungen 22,4 m^3 ist.
Daraus bestimme man das mittlere Geschwindigkeitsquadrat und die Geschwindigkeit für (a) Wasserstoff- und (b) Sauerstoffmoleküle bei 0 °C. Man gebe das Ergebnis in km/h an und vergegenwärtige sich, welche bekannten physikalischen Erscheinungen durch diese Werte erklärt werden.
3.2 Welches ist die gesamte kinetische Energie der Moleküle, die in 1 m^3 Wasserstoffgas bei Raumtemperatur enthalten sind, (a) bei atmosphärischem Druck, (b) beim Druck von 10^{-2} mm Hg? Wie groß ist jeweils die mittlere kinetische Energie eines Moleküls?
3.3 Die Dichte von gasförmigem Wasserstoff unter Normalbedingungen ist $9{,}0 \cdot 10^{-2}$ kg m^{-3}. Man schätze die mittlere freie Weglänge der Wasserstoffmoleküle unter Normalbedingungen ab. Wie groß ist die mittlere freie Weglänge von Sauerstoffmolekülen unter Normalbedingungen verglichen mit diesem Ergebnis?
3.4 Man zeige, daß in erster Näherung

$$\frac{\text{Dichte des Gases}}{\text{Dichte der Flüssigkeit}} = N\,D^3$$

gilt, wobei D der Moleküldurchmesser und N die Zahl der Moleküle pro Volumeinheit des Gases ist.
Aus der obigen Beziehung schätze man den Durchmesser der Sauerstoffmoleküle ab, wenn die Dichte von flüssigem Sauerstoff am Siedepunkt $1{,}1 \cdot 10^3$ kg m^{-3} ist.
3.5 Man berechne die mittlere freie Weglänge von Sauerstoffmolekülen unter Normalbedingungen, wenn bei 0 °C die Viskosität des Gases $1{,}87 \cdot 10^{-4}$ P (c.g.s.-Einheiten) ist. Hieraus erhält man eine andere Abschätzung des Moleküldurchmessers von Sauerstoff.
3.6 Für Stickstoff sind unter Normalbedingungen die Dichte 24 g l^{-1}, die spezifische Wärme 0,735 J g^{-1} grd^{-1} und der Moleküldurchmesser 1,9 Å. Man berechne die thermische Leitfähigkeit von Stickstoff bei 0 °C und vergleiche das Ergebnis mit der thermischen Leitfähigkeit eines Isolators wie Quarz, und eines Metalls wie Kupfer bei 0 °C.

4. *Energieverteilungen in klassischen Gasen und in Quantengasen*

Im vorhergehenden Kapitel diskutierten wir die Eigenschaften von Gasen in Termen der *mittleren* Geschwindigkeit und der *mittleren* freien Weglänge der Gasmoleküle bei einer vorgegebenen Temperatur. Vorausgesetzt, diese Mittelwerte können entweder theoretisch oder experimentell bestimmt werden, so braucht man keine ausführlicheren Informationen darüber, wie die verschiedenen Geschwindigkeiten und freien Weglängen tatsächlich auf die einzelnen Moleküle verteilt sind. Die statistische Methode der elementaren kinetischen Gastheorie umgeht diese Schwierigkeit.
Es gibt jedoch gewisse Eigenschaften von Gasen (besonders Elektronengasen), für die wir auch eine genauere Auskunft darüber brauchen, *wie viele* Moleküle (oder Elektronen) sich in einem bestimmten Energiezustand befinden. Wie wir sehen werden, gibt es verschiedene Antworten auf diese Frage, je nachdem, ob die Gasteilchen besser durch Quantengesetze oder durch klassische Gesetze beschrieben werden. In diesem Kapitel werden wir deshalb ausführlich untersuchen, in welcher Weise die Energie bei einer vorgegebenen Temperatur auf die Gasmoleküle verteilt wird.

4.1 Boltzmannsches Verteilungsgesetz

Betrachten wir wieder das einfache Modell der Atmosphäre, das wir in Abschnitt 3.5.5 diskutiert haben. Der Gleichung (3.26) entnehmen wir, daß die Zahl der Moleküle des Gases 1 in einer bestimmten Höhe gegeben ist durch

$$\frac{\mathrm{d}N_1}{N_1} = -\frac{m_1\, g\, \mathrm{d}z}{kT}\,, \tag{4.1}$$

so daß

$$\int_{N_1^0}^{N_1} \frac{\mathrm{d}N_1}{N_1} = -\int_0^{z_1} \frac{m_1\, g\, \mathrm{d}z}{kT}$$

ist, wobei N_1^0 die Zahl der Moleküle pro Volumeinheit bei $z = 0$ bedeutet.

Die Lösung dieser Integralgleichung ist

$$N_1 = N_1^0 \exp(-m_1 g z_1/kT), \tag{4.2}$$

so daß die Dichte der Moleküle exponentiell mit der Höhe abnimmt. Gleichung (4.2) ist ein spezielles Beispiel eines wichtigen physikalischen Gesetzes von allgemeiner Gültigkeit. Der Term $m_1 g z_1$ im Zähler des Exponenten stellt die *potentielle Energie* U eines Gasmoleküls in der Höhe z_1 dar. Wir können deshalb Gleichung (4.2) verallgemeinern zu

$$N = N^0 \exp\{-(U - U^0)/kT\}. \tag{4.3}$$

Das ist ein Ausdruck, der die Zahl der Moleküle pro Volumeinheit N in einem Bereich der potentiellen Energie U in Beziehung setzt zur Zahl der Moleküle pro Volumeinheit N^0 in einem Bereich der potentiellen Energie U^0 (Bild 4.1). Dieser Ausdruck, der in der Festkörperphysik auf viele Probleme angewendet werden kann, wird Boltzmann*sches Verteilungsgesetz* genannt.

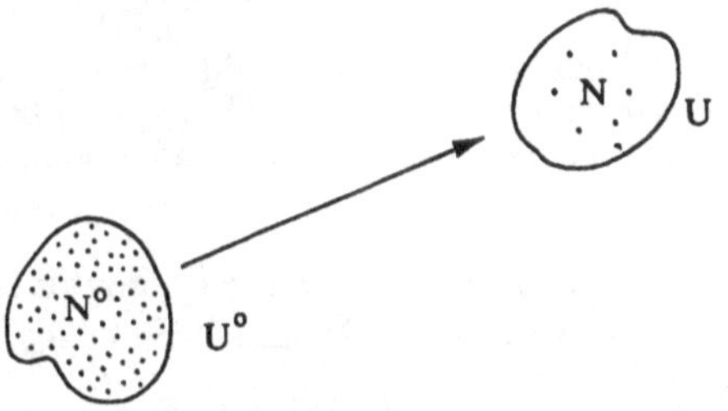

Bild 4.1 Gleichung (4.3) bezieht die Moleküldichte N^0 mit der potentiellen Energie U^0 auf die Moleküldichte N mit der potentiellen Energie U.

4.2 Die Maxwell-Boltzmannsche Geschwindigkeitsverteilung

In der Tat besitzt das Exponentialgesetz (4.3) noch mehr Anwendungsmöglichkeiten. Die Zahl der Moleküle, die eine Flächeneinheit pro Sekunde passieren, mit einer z-Komponente der Geschwindigkeit, die größer als v_{z1} ist, ist, bezogen auf n_0, die Gesamtzahl der Moleküle, die pro Zeiteinheit eine Flächeneinheit passieren (d. h., mit einem beliebigen Geschwindigkeitswert),

$$\begin{aligned} n_1 &= n_0 \exp(-m\, v_{z\,1}^2/2\,kT) \\ &= n_0 \exp(-\text{kinetische Energie}/kT). \end{aligned} \tag{4.4}$$

Die gebräuchlichste Art, die tatsächliche Verteilung der Geschwindigkeiten auf die Gesamtzahl der Moleküle zu beschreiben, ist, eine *Verteilungsfunktion* $f(v_z)$ zu definieren, so daß $f(v_z)\, dv_z$ der Bruchteil der Moleküle mit Geschwindigkeiten zwischen v_z und $v_z + dv_z$ ist. Dies ist eine sehr gebräuchliche statistische Methode, bei der wir nicht genau angeben, wie viele Messungen einer bestimmten physikalischen Größe *genau einen* Wert ergeben (weil die Antwort möglicherweise Null ist), sondern wie viele von ihnen Werte *zwischen* zwei Grenzen ergeben. Z. B. ist es möglich, daß in einer Gruppe von 100 Menschen keiner genau 1,78 m groß ist, und doch können 50 zwischen 1,76 m und 1,80 m groß sein.

Die Besonderheit der Verteilungsfunktion liegt darin, daß, wenn wir $f(v_z)$ gegen v_z auftragen, die Fläche unter der Kurve zwischen v_{z1} und v_{z2} den Bruch-

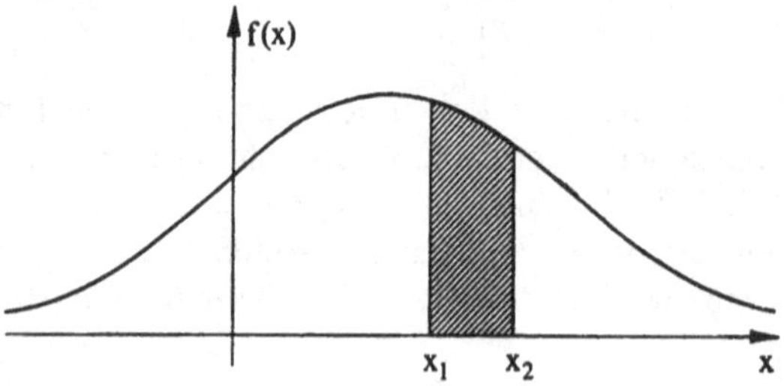

Bild 4.2 Eine Verteilungsfunktion $f(x)$ ist so definiert, daß der Bruchteil der Beobachtungen der Größe x, der zwischen x_1 und x_2 liegt, gleich dem schraffierten Gebiet unter $f(x)$ ist, das von x_1 und x_2 eingeschlossen wird.

teil der Moleküle mit Geschwindigkeiten zwischen v_{z1} und v_{z2} angibt (Bild 4.2). Zwischen $v_{z1} = -\infty$ und $v_{z2} = +\infty$ müssen alle Moleküle enthalten sein, so daß

$$\int_{-\infty}^{\infty} f(v_z)\, dv_z = 1 \tag{4.5}$$

gilt.

Die Zahl der Moleküle mit Geschwindigkeiten größer als v_z, die pro Sekunde durch eine Flächeneinheit hindurchtreten, ist gegeben durch $\int_{v_z}^{\infty} v_z f(v_z)\, dv_z$, wobei der Faktor v_z der Tatsache Rechnung trägt, daß für jedes beliebige v_z alle Moleküle, die sich innerhalb einer Entfernung v_z von der betrachteten Fläche befinden, diese Fläche in einer Sekunde passieren. Nun wird diese Zahl auch durch Gleichung (4.4) gegeben, so daß

$$\int_{v_z}^{\infty} v_z f(v_z)\, dv_z = \text{const} \times \exp\left(-m\, v_z^2/2\, kT\right) \tag{4.6}$$

ist. Differenzieren wir beide Seiten der Gleichung (4.6), so gelangen wir zu

$$f(v_z)\, dv_z = C \exp\left(-m\, v_z^2/2\, kT\right) dv_z\,, \tag{4.7}$$

wobei wir die Konstante C aus Gleichung (4.5) erhalten.

Da

$$\int_{-\infty}^{\infty} \exp\left(-x^2\right) dx = \pi^{1/2}$$

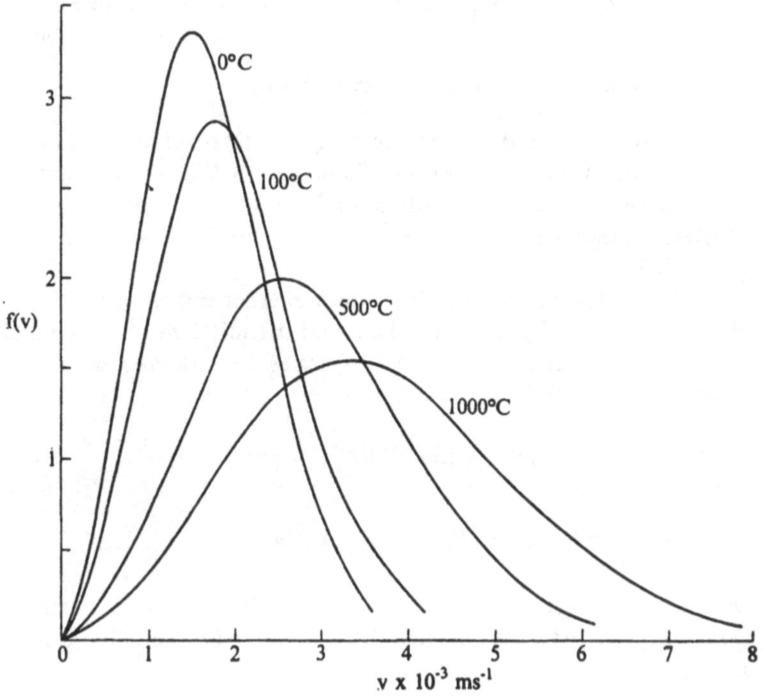

Bild 4.3 Geschwindigkeitsverteilung für Wasserstoff bei verschiedenen Temperaturen. Die Ordinate ist so gewählt worden, daß die Flächen unter den Kurven alle einander gleich sind (nach J. K. ROBERTS und A. R. MILLER, Heat and Thermodynamics, Blackie and Son, London, 1951, S. 84).

ist, sehen wir, daß $C = (m/2\,kT)^{1/2}$ ist. Gleichung (4.7) ist die eindimensionale Form des MAXWELL-BOLTZMANNschen Verteilungsgesetzes. Sie ist die spezielle Form des *BOLTZMANNschen Verteilungsgesetzes* (das sich strenggenommen auf die *gesamte* Energie eines Teilchens bezieht), die verwendet wird, um die Verteilung der kinetischen Energie auf die Teilchen zu beschreiben.
Die vollständige dreidimensionale Form der Gleichung (4.7) lautet

$$\begin{aligned} & f(v_x, v_y, v_z)\,\mathrm{d}v_x\,\mathrm{d}v_y\,\mathrm{d}v_z \\ & = C^3 \exp\,(-m\,v_x^2/2\,kT)\exp\,(-m\,v_y^2/2\,kT) \\ & \quad \times \exp\,(-m\,v_z^2/2\,kT)\,\mathrm{d}v_x\,\mathrm{d}v_y\,\mathrm{d}v_z \\ & = C^3 \exp\,\{-m\,(v_x^2+v_y^2+v_z^2)/2\,kT\}\,\mathrm{d}v_x\,\mathrm{d}v_y\,\mathrm{d}v_z\,. \end{aligned} \tag{4.8}$$

Für viele Zwecke ist es jedoch vorteilhafter, die Verteilungsfunktion $f(v)$ für die *resultierende* Geschwindigkeit zu bestimmen als nur für eine Komponente.

Diese kann man aus Gleichung (4.8) erhalten, indem man (4.8) in Polarkoordinaten umschreibt und über alle Winkel summiert. Das Ergebnis ist

$$f(v)\,dv = 4\,\pi\,C^3\,v^2 \exp\left(-m\,v^2/2\,kT\right) dv\,, \tag{4.9}$$

welche wahrscheinlich die üblichste Form der Darstellung der MAXWELLschen Verteilung ist. Bild 4.3 zeigt diese Funktion für Wasserstoff für verschiedene Temperaturen. Es ist verständlich, daß der Bereich, über den die Geschwindigkeiten verteilt sind, sich beträchtlich verbreitert, wenn die Temperatur erhöht wird.

In Kapitel 3 diskutierten wir in mehreren Abschnitten die Wurzel aus dem mittleren Geschwindigkeitsquadrat $\bar{v}$ und die mittlere Geschwindigkeit $\bar{s}$ der Gasmoleküle bei einer vorgegebenen Temperatur. Beide kann man sofort aus Gleichung (4.9) erhalten:

$$\bar{v} = \int_0^\infty v^2\,f(v)\,dv = (3\,kT/m)^{1/2}, \tag{4.10}$$

$$\bar{s} = \int_0^\infty v\,f(v)\,dv = (8/3\,\pi)^{1/2}\,(3\,kT/m)^{1/2}. \tag{4.11}$$

Wie erwartet, zeigt Gleichung (4.10), daß die mittlere kinetische Energie $^1/_2\,m\,\bar{v}^2 = {}^3/_2\,kT$ ist. Das bestätigt die Folgerichtigkeit der ganzen Beweisführung.

4.3 Die Unzulänglichkeit der klassischen Theorie

Alles im Kapitel über die kinetische Gastheorie sowie die beiden letzten Abschnitte beziehen sich auf ein *klassisches Gas*. Das bedeutet, wir haben nie die Quantisierung von Energie oder Impuls, die Unbestimmtheitsrelation oder das Ausschließungsprinzip erwähnt. In diesem Buch befassen wir uns jedoch in erster Linie mit einem „Gas" aus Elektronen, und wir wissen aus Kapitel 2, daß Elektronen in Atomen eher Quantenteilchen als klassische Teilchen sind. Dies trifft weitgehend auch auf Elektronen in Festkörpern zu, obgleich unter gewissen Bedingungen die Leitungselektronen in Halbleitern klassischen Gesetzen gehorchen. Für Elektronen in Metallen müssen jedoch die Verteilungsgesetze im thermischen Gleichgewicht (*die statistische Mechanik*) modifiziert werden.

Wenn Elektronen in Metallen die Eigenschaften eines klassischen Gases aufweisen würden, dann würde jedes zur spezifischen Wärme des Festkörpers $^3/_2\,k$ beitragen. Bei einem einwertigen Metall wie Lithium würde dieser Beitrag zur gesamten spezifischen Wärme $3\,R/2$ pro Kilomol ausmachen, selbst wenn er nur von den äußeren 2 s-Elektronen käme. Das Experiment zeigt jedoch, daß bei gewöhnlichen Temperaturen die spezifische Wärme *aller* Festkörper $3\,R$ pro Kilomol ist (das DULONG-PETITsche Gesetz) und daß es in

Metallen keinen zusätzlichen Term gibt. Elektronen in Metallen gehorchen nicht der klassischen (oder MAXWELL-BOLTZMANN-)Statistik.
Die klassische Theorie wird sich immer als unzulänglich erweisen, wenn die thermische Energie kT keinen wesentlichen Beitrag zur Gesamtenergie eines Teilchens leisten kann. Dies wird auftreten, (a) wenn die quantisierten Energieniveaus viel weiter als kT voneinander entfernt sind und (b) wenn das Teilchen bereits eine Energie besitzt, die viel größer als kT ist.

4.4 Fermi-Statistik

Bei einem klassischen Gas wird das Ausschließungsprinzip vernachlässigt. Man nimmt an, daß jedes Teilchen jeden Energiezustand einnehmen kann. Wenn dies nicht zutrifft, kann die Verteilung der Teilchen auf die verschiedenen Energiezustände ganz anders sein, und sie ergibt sich aus der FERMI-*Statistik.*
Bei $T = 0$ haben Teilchen keine thermische Energie, und sie sammeln sich deshalb alle in den niedrigsten zur Verfügung stehenden Zuständen an. Wenn jedoch das Ausschließungsprinzip anwendbar ist, kann jeder Zustand nur von einer begrenzten Anzahl Teilchen besetzt werden, so daß selbst am absoluten Nullpunkt der Temperatur der niedrigste *zur Verfügung stehende* Zustand nicht notwendigerweise der Grundzustand ε_1 sein wird. Tatsächlich werden bei jeder vernünftigen Anzahl von Teilchen alle Zustände j mit der Energie ε_j von ε_1 aus bis zur Energie ε_F, FERMI-Energie oder FERMI-*Kante* genannt, aufgefüllt werden. Oberhalb der FERMI-*Kante* sind alle Energiezustände unbesetzt.
Die mittlere Teilchenzahl im Zustand j wird als *Besetzungszahl* $\bar{n}_j$ bezeichnet. Für die FERMI-Verteilung der Teilchen auf die Energiezustände ist $\bar{n}_j = 1$ für $\varepsilon_j < \varepsilon_F$ und $\bar{n}_j = 0$ für $\varepsilon_j > \varepsilon_F$ (Bild 4.4a). Ganz allgemein ist ε_F ein Normierungsfaktor, den man aus der Beziehung erhält, daß die Summe der $\bar{n}_j$ über alle Werte von j gleich der mittleren Teilchenzahl $\bar{N}$ des Systems sein muß; das bedeutet

$$\bar{N} = \sum_{j=1}^{\infty} \bar{n}_j \,. \tag{4.12}$$

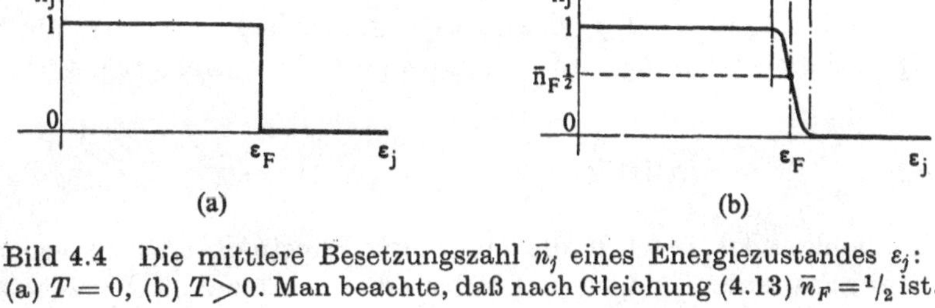

Bild 4.4 Die mittlere Besetzungszahl $\bar{n}_j$ eines Energiezustandes ε_j: (a) $T = 0$, (b) $T > 0$. Man beachte, daß nach Gleichung (4.13) $\bar{n}_F = {}^1/_2$ ist.

Wenn $T > 0$ ist, können Elektronen am oberen Ende der Energieverteilung – das heißt, die an der FERMI-Kante – etwas thermische Energie aufnehmen. Die FERMI-Verteilung fällt über einen Energiebereich von etwa $4\,kT$ von 1 auf 0 ab, so daß mit zunehmender Temperatur T die Schärfe des Übergangs von den besetzten zu den unbesetzten Zuständen verloren geht (Bild 4.4b). Die tatsächliche Abhängigkeit der Besetzungszahl $\bar{n}_j$ von ε_j als Funktion der Temperatur lautet

$$\bar{n}_j = \frac{1}{\exp\{(\varepsilon_j - \varepsilon)/kT\} + 1}. \tag{4.13}$$

Die Ableitung dieser Formel kann man in vielen Lehrbüchern über statistische Mechanik oder Festkörperphysik finden, z. B. A. J. DEKKER, Solid State Physics, Macmillan and Co., London 1960, Seite 529.

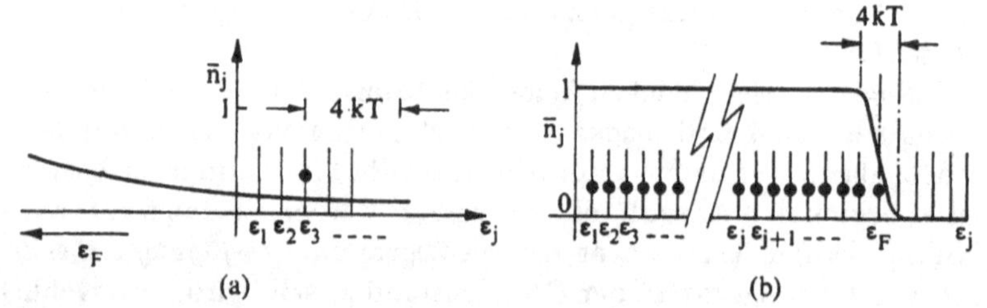

Bild 4.5 Zwei gegensätzliche Beispiele der Beziehung zwischen $\bar{n}_j$ und ε_j. (a) $-\varepsilon_F \gg kT$, so daß $\bar{n}_j$ für jeden Zustand ε_j sehr klein und klassische Statistik anwendbar ist. (b) $\varepsilon_F \gg kT$, wobei alle Zustände ε_1, $\varepsilon_2, \ldots$ gemäß der FERMI-Statistik besetzt sind.

Wir stellen fest, daß, wenn ε_F groß und negativ ist, so daß $\exp\{(\varepsilon_j - \varepsilon_F)/kT\} \gg 1$ ist, wir $\bar{n}_j \approx \exp(-\varepsilon_j/kT)$, die klassische BOLTZMANN-Verteilung, erhalten (vgl. Gleichung 4.3). Diese Bedingung $-\varepsilon_F \gg kT$ bedeutet, daß wir den „Ausläufer" der Verteilungsfunktion bei hohen Energien betrachten, bei denen viel mehr Quantenzustände zur Verfügung stehen als Teilchen vorhanden sind, sie zu füllen; das heißt, $\bar{n}_j \gg 1$ (siehe Bild 4.5a). Bei einem solchen Sachverhalt ist das Ausschließungsprinzip unerheblich, und jedes Teilchen könnte jeden beliebigen Zustand besetzen.
Im entgegengesetzten Fall, wenn die Teilchen alle in ihren niedrigsten Zuständen versammelt sind und wenn die thermische Energie „nichts tun kann" – das heißt, $\varepsilon_F \gg kT$ – dann ist das Ausschließungsprinzip überaus wichtig, und die Verteilung wird als *entartet* bezeichnet (siehe Bild 4.5b).

4.5 Bose-Statistik

Ensembles aller Teilchen, die dem PAULI-Prinzip unterliegen, gehorchen der FERMI-Statistik. Zu solchen Teilchen, die manchmal als *Fermionen* bezeichnet werden, gehören Elektronen, Protonen, Neutronen und zusammengesetzte Teilchen, die aus einer ungeraden Anzahl von Elementarteilchen zusammengesetzt sind, z. B. He^3-Atome. Es existieren jedoch andere Teilchen, die nicht dem Ausschließungsprinzip unterliegen, obgleich sie Quantenverhalten aufweisen. Diese schließen sowohl ,,Moleküle" ein, die aus einer geraden Anzahl Elementarteilchen aufgebaut sind, z. B. He^4-Atome, als auch Photonen und andere Quanten, denen Wellencharakter zuzuschreiben wir geneigt sind. Die Zahl der Teilchen in irgendeinem beliebigen Quantenzustand ist dann nicht beschränkt, und die Verteilung der Teilchen ergibt sich gemäß der Bose-*Statistik*, mit einer mittleren Besetzungszahl, die gegeben ist durch

$$\bar{n}_j = \frac{1}{\exp\{(\varepsilon_j - \varepsilon_B)/kT\} - 1}. \tag{4.14}$$

Auch diese Verteilung geht in die klassische Form über, wenn der Normierungsfaktor $-\varepsilon_B \gg kT$ ist. Der Sammelbegriff für derartige Teilchen ist *Bosonen*.

Der wesentliche Unterschied zwischen der Fermi-Statistik und der Bose-Statistik kann am besten veranschaulicht werden, wenn man die Form der Besetzungszahlen im Grenzfall tiefer Temperaturen betrachtet. Wir haben bereits diskutiert, wieso bei $T = 0$ im ersten Fall $\bar{n}_j = 1$ für $0 < \varepsilon_j < \varepsilon_F$ und $\bar{n}_j = 0$ für $\varepsilon_j > \varepsilon_F$ ist. Tatsächlich entnehmen wir der Gleichung (4.13) das wichtige Ergebnis, daß in der Fermi-Statistik $\bar{n}_j$ *nie größer* als 1 ist.

In der Bose-Statistik muß ε_B immer kleiner als ε_1 sein, andernfalls könnten gewisse Zustände die seltsame Eigenschaft besitzen, daß sie negative Besetzungszahlen haben. Diese Einschränkung vorausgesetzt, ist es verständlich, daß n_j *viel größer* als 1 sein wird, wenn $(\varepsilon_j - \varepsilon_B)/kT$ klein ist. Insbesondere werden bei $T = 0$ *alle* Teilchen im Grundzustand sein, so daß $\varepsilon_1 \approx \varepsilon_B$, $\bar{n}_1 = N$ und alle anderen $\bar{n}_j = 0$ sein werden (siehe Bild 4.6).

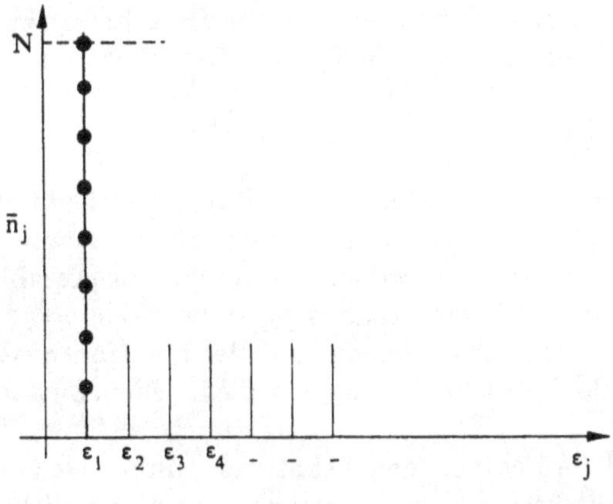

Bild 4.6 Die Besetzungszahl für Bose-Teilchen bei $T = 0$. Alle Teilchen sind im Grundzustand ε_1, so daß $\bar{n}_1 = N$. Man vergleiche dies mit der Fermi-Verteilung bei $T = 0$ (Bild 4.4a), bei der $\bar{n}_1, \bar{n}_2, \ldots, \bar{n}_F = 1$ ist.

4.6 Ein freies Elektronengas

Es ist mehrmals erwähnt worden, daß ein einfaches Modell, das zur Erklärung der Leitungseigenschaften der Festkörper herangezogen wird, die Theorie des freien Elektrons ist, nach der man sich ein Metall oder einen Halbleiter als Behälter vorstellen kann, der ein „Elektronengas" einschließt. Folglich ist die Berechnung von ε_F für ein freies Elektronengas ein nützliches Beispiel für die verschiedenen statistischen Methoden.
Man betrachte einen Leiter in Form eines Würfels mit der Kantenlänge L. Die Unbestimmtheit des Ortes eines Elektrons in irgendeiner bestimmten Richtung, sagen wir, der x-Richtung, ist höchstens L. Gemäß der Unbestimmtheitsrelation (siehe Gleichung 2.9) ist dann die geringste Unschärfe der x-Komponente des Impulses gegeben durch $\Delta p_x = h/L$. Da das Gleiche auch für die y- und z-Richtungen gilt, erhalten wir als Produkt geringster Unschärfen

$$\Delta p_x \, \Delta p_y \, \Delta p_z = \left(\frac{h}{L}\right)^3 . \tag{4.15}$$

Wir wollen jetzt einen Satz von Koordinatenachsen p_x, p_y, p_z definieren; dieser ist als Impulsraum bekannt. Die Unbestimmtheitsrelation sagt aus, daß Impulszustände, die um weniger als (h/L) in jeder Richtung des Impulsraumes voneinander getrennt sind, nicht voneinander unterschieden werden können. Der Gleichung (4.15) entnehmen wir daher, daß jedem Impulszustand des Elektrons im Impulsraum ein Volumen von $(h/L)^3$ entspricht.
Bei $T = 0$ sind in einem freien Elektronengas alle Energiezustände bis zur FERMI-Kante ε_F besetzt. Daher kann man ε_F erhalten, wenn man die Energieverteilung der Quantenzustände von 0 bis ε_F summiert. Die vorhergehende Diskussion gibt uns Auskunft darüber, wie man verschiedene *Impulszustände* addiert. Alles, was wir deshalb brauchen, um die Berechnung zu vervollständigen, ist eine Beziehung zwischen ε und p. Für freie Elektronen lautet sie

$$\varepsilon = \frac{p^2}{2\,m} = \frac{1}{2\,m}\,(p_x^2 + p_y^2 + p_z^2) . \tag{4.16}$$

Wir erkennen, daß im Impulsraum Flächen konstanter Energie durch Kugelflächen dargestellt werden. Die äußerste gefüllte Fläche nennt man die FERMI-*Fläche*. Um ε_F zu bestimmen, zählen wir deshalb die Anzahl der Impulszustände in einer Kugel mit dem Radius p_F ab (wobei $\varepsilon_F = p_F^2/2\,m$ ist) und setzen sie gleich N/g, wobei N die Gesamtzahl der Elektronen ist und der *Entartungsfaktor* g die Zahl der Elektronen angibt, die in jedem Zustand untergebracht werden können.
Wir werden in Kapitel 6 die Bedingungen diskutieren, unter welchen es möglich ist, zu einem freien Elektronengas zu gelangen. Im Augenblick reicht es aus, wenn wir erwähnen, daß die Leitungselektronen in einem Metall sich in guter Näherung *wie* freie Teilchen verhalten, weil ihre Energie und ihr Impuls

durch die Gleichung (4.16) miteinander verknüpft sind. Diese Elektronen jedoch stammen aus Energieniveaus der Atome, die s-, p-, d- oder f-ähnlichen Charakter besitzen, so daß wir die Entartung berücksichtigen müssen, wenn wir über alle die verschiedenen Zustände summieren. Z. B. besteht ein p-Zustand eines freien Atoms aus sechs entarteten Zuständen. Daher ist für einen s-Zustand $g = 2$, für einen p-Zustand $g = 6$, für einen d-Zustand $g = 10$ und für einen f-Zustand $g = 14$.
Das Volumen der FERMI-Kugel im Impulsraum ist $4\pi p_F^3/3$, so daß die Zahl der Impulszustände $4\pi p_F^3 L^3/3 h^3$ ist. Daher gilt

$$\frac{N}{g} = \frac{4\pi p_F^3 L^3}{3 h^3} = \frac{4\pi (2 m \varepsilon_F)^{3/2} L^3}{3 h^3}. \tag{4.17}$$

Wir haben dann, da $N/L^3 = n$ die Zahl der Elektronen pro Volumeinheit ist,

$$\varepsilon_F = \frac{h^2}{2m}\left(\frac{3n}{4\pi g}\right)^{2/3}. \tag{4.18}$$

Bei einem Leitungselektron pro Atom ist n von der Größenordnung $5 \cdot 10^{28}\mathrm{m}^{-3}$ und $\varepsilon_F \approx 5$ eV. Später werden wir sehen, daß dies typische Werte für n und ε_F in einem Metall sind. In diesem Fall ist bei allen Temperaturen $\varepsilon_F \gg kT$, so daß das Elektronengas entartet ist (Bild 4.5b) und im wesentlichen der FERMI-Statistik gehorcht.
Auf dieser Grundlage ist es ganz einfach, das Fehlen eines Beitrags der Elektronen zur spezifischen Wärme der Metalle zu erklären. Nur Elektronen mit Energien von etwa ε_F können thermische Energie aufnehmen, da die anderen Elektronen durch geringe zusätzliche Energien nur in Energiezustände gebracht würden, die bereits besetzt sind. Folglich wird der Beitrag der Elektronen zur spezifischen Wärme des Metalls von $3\,R/2$ pro Kilomol auf etwa $(3\,R/2)\,(kT/\varepsilon_F)$ reduziert; bei Zimmertemperatur bedeutet das eine Verringerung um das etwa 200-fache.
Schließlich erwähnen wir noch, daß die Elektronenzustände nicht *sowohl* bezüglich ihres Impulses *als auch* bezüglich ihrer Energie gleichmäßig verteilt sind. In Wirklichkeit nimmt auch die Zahl der Zustände pro Energieintervall zu, wenn ε zunimmt. Wenn wir im Impulsraum zwei Kugeln der Energie ε und $\varepsilon + d\varepsilon$ betrachten, dann ist die Zahl der Energiezustände zwischen ihnen $2\pi g L^3 (2m/h^2)^{3/2} \varepsilon^{1/2} d\varepsilon$. Dieser Ausdruck wird gewöhnlich als eine Verteilungsfunktion $Z(\varepsilon)\, d\varepsilon$ geschrieben, wobei

$$Z(\varepsilon) = 2\pi g L^3 (2m/h^2)^{3/2} \varepsilon^{1/2} \tag{4.19}$$

als Funktion der *Zustandsdichte* bezeichnet wird (siehe Bild 4.7a). Diese Funktion (und deshalb Gleichung 4.18) erhält man auch aus einer Verallgemeinerung des Arguments, das in Abschnitt 2.5 gebracht wurde, um die

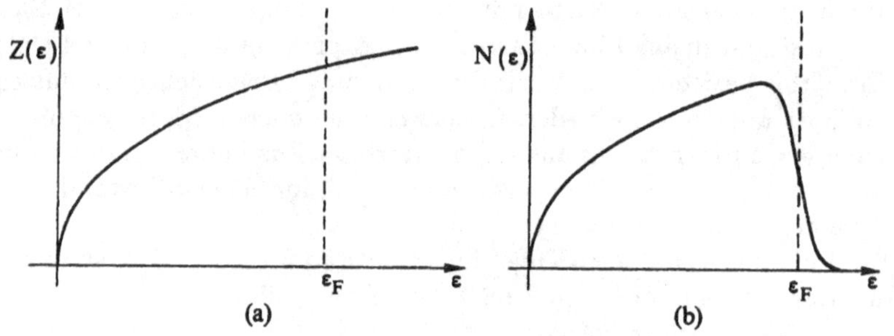

Bild 4.7 Beispiele (a) der Zustandsdichte und (b) der Elektronendichte als Funktion der Energie für das Modell des freien Elektrons.

Energien eines Elektrons in einem dreidimensionalen Kasten zu diskutieren. Eine mehr ins einzelne gehende Beweisführung findet man bei T. S. Hutchison und D. C. Baird, The Physics of Engineering Solids, John Wiley and Sons Inc., 1963, Seite 183–187.
Natürlich ist die Funktion $Z(\varepsilon)$ nicht auf freie Elektronen beschränkt. Man findet, daß die Funktion der Zustandsdichte für bestimmte Gruppen von Elektronen, wie die d-Elektronen in den Übergangsmetallen, äußerst komplex ist mit einer Anzahl Maxima und Minima zwischen 0 und ε_F. Wenn jedoch erst einmal $Z(\varepsilon)$ bekannt ist, so erhält man die tatsächliche Zahl der Elektropen pro Volumeneinheit $N(\varepsilon)\,d\varepsilon$ im Energieintervall $d\varepsilon$ als das Produkt von $Z(\varepsilon)\,d\varepsilon$ und der mittleren Besetzungszahl (Gleichung 4.13). Daher ist

$$N(\varepsilon)\,d\varepsilon = \bar{n}_i\,Z(\varepsilon)\,d\varepsilon\,. \tag{4.20}$$

Wir betonen besonders, daß diese Gleichung ganz allgemein gilt, obwohl wir in Bild 4.6b wieder das freie Elektronengas zur Veranschaulichung herangezogen haben.

4.7 Zusammenfassung

Klassische Teilchen (nicht Quanten) gehorchen dem Boltzmann*schen Verteilungsgesetz*, demzufolge die Zahl der Teilchen N_ε mit der Energeie ε durch

$$N_\varepsilon = N_0 \exp\left(-\varepsilon/kT\right)$$

auf die Zahl der Teilchen mit der Energie Null, N_0, bezogen ist.
Verschiedene Formen dieses Gesetzes, die die potentielle und kinetische Energie von Gasmolekülen betreffen, werden durch die Gleichungen (4.3), (4.4) und (4.9) angegeben, es muß jedoch betont werden, daß das Gesetz auf eine Vielzahl verschiedener Probleme angewendet werden kann. Insbeson-

dere werden wir es in Kapitel 9 verwenden, um zu erfahren, wieviele Elektronen in einem Halbleiter bei einer gegebenen Temperatur für die elektrische Leitung zur Verfügung stehen.
Es gibt zwei verschiedene Arten von Quanten; diejenigen, die dem PAULI-Prinzip gehorchen, und diejenigen, die es nicht tun. Erstere gehorchen der FERMI-Statistik und werden manchmal *Fermionen* genannt, während letztere der BOSE-Statistik gehorchen und bisweilen als *Bosonen* bezeichnet werden. Dichtgepackte Elektronen, wie die Leitungselektronen in einem Metall, sind Fermionen. Bei $T = 0$ existiert bis zur Fermigrenze ein Elektron pro Energiezustand, darüber sind alle Energiezustände leer. Für $T > 0$ nehmen Elektronen in der Nähe der FERMI-Kante etwas thermische Energie auf, und die mittlere Anzahl von Elektronen pro Energiezustand wird durch Gleichung (4.13) angegeben.
Schließlich haben wir gezeigt, daß für ein freies Elektronengas die Abhängigkeit der FERMI-Energie von der Zahl der Elektronen pro Volumeneinheit durch Gleichung (4.18) gegeben ist, während die Zahl der Energiezustände pro Energieintervall durch Gleichung (4.19) beschrieben wird.

Ergänzende Literatur

AZAROFF, L. V., BROPHY, J. J., Electronic Processes in Materials, McGraw-Hill Book Co., New York and London, 1963.

DUGDALE, J. S., Entropy and Low Temperature Physics, Hutchinson University Library, London, 1966.

GUGGENHEIM, E. A., Boltzmann's Distribution Law, North-Holland Publishing Co., Amsterdam, 1963.

MACDONALD, D. K. C., Introductory Statistical Mechanics for Physicists, John Wiley and Sons Inc., New York and London, 1963.

MORSE, P. M., Thermal Physics, W. A. Benjamin Inc., New York, 1964.

SHOCKLEY, W., Electrons and Holes in Semiconductors, D. van Nostrand Co. Inc., 1950.

Aufgaben

4.1 Bei einem Molekül ist die Energielücke zwischen dem Grundzustand und dem ersten angeregten Zustand 0,001 eV. Es liege eine Menge von 10^{22} Molekülen bei 4 °K vor; wie viele Moleküle werden sich in jedem der beiden Zustände befinden, wenn man annimmt, daß die zweiten und höheren Zustände unbesetzt bleiben?

4.2 Man bestimme die wahrscheinlichste Geschwindigkeit eines Gasmoleküls für eine vorgegebene Temperatur, indem man das Maximum der MAXWELL-

BOLTZMANN-Verteilungsfunktion $f(v)$ bestimmt. Wie groß ist diese Geschwindigkeit im Verhältnis zu der Wurzel aus dem mittleren Geschwindigkeitsquadrat v?

4.3 Wie groß ist bei Zimmertemperatur die Besetzungszahl eines Elektronenzustandes, der (a) 0,1 eV über der FERMI-Kante und (b) 0,1 eV unter der FERMI-Kante liegt? Man beantworte die gleichen Fragen für eine Temperatur von 1000 °K und skizziere danach die FERMI-Verteilung (siehe Gleichung 4.13) in der Umgebung der FERMI-Kante für die beiden Temperaturen. Man beachte in beiden Fällen die Größenordnung der thermischen Energie kT.

4.4 Man berechne die Dichte der freien Elektronen in einwertigem Kupfer, wenn die Dichte von getempertem Kupfer bei Raumtemperatur $8{,}89 \cdot 10^3$ kg m^{-3} und sein Atomgewicht 63,57 beträgt. Man bestimme daraus die FERMI-Energie von Kupfer in der Näherung des freien Elektrons. Aus diesem Wert von ε_F schätze man grob den Beitrag der Elektronen zur spezifischen Wärme von Kupfer bei Raumtemperatur ab.

4.5 Die FERMI-Energie eines Metalls für $T = 0$ kann man bestimmen, wenn man über die Verteilungsfunktion $N(\varepsilon)\, d\varepsilon$ (siehe Gleichung 4.20) von 0 bis ε_F integriert und das Ergebnis der Zahl der freien Elektronen pro Volumeneinheit gleichsetzt. Man zeige, daß dies zu dem gleichen Wert von ε_F führt wie Gleichung (4.18).

4.6 Man berechne für $T = 0$ die Zustandsdichte pro Volumeneinheit von Kupfer an der FERMI-Kante.

5. *Chemische Bindung*

In erster Linie beschäftigen wir uns mit der physikalischen Eigenschaft der elektrischen Leitung im *festen Zustand* der Materie, und demgemäß müssen wir fragen: (a) was hält die Atome zusammen, und warum lagern sich nur bestimmte Atome aneinander an, um Festkörper zu bilden, und (b) warum sind gewisse Arten von Festkörpern bessere elektrische Leiter als andere? Diese beiden Fragen können beantwortet werden, indem man die Natur der Bindungsprozesse im Detail betrachtet. Dieses Kapitel könnte fast überschrieben werden: ,,der feste Zustand aus der Sicht des Chemikers".

5.1 Allgemeine Betrachtungen

In jedem Festkörper muß es (a) anziehende Kräfte geben, welche die Atome zusammenhalten, und (b) abstoßende Kräfte, die verhindern, daß alle Atome miteinander verschmelzen. Die Anwesenheit dieser beiden Kräfte allein gewährleistet jedoch noch keine stabile Bindung. Zusätzlich muß die potentielle Energie der beiden Atome einen Minimalwert haben, und die Hauptbedingung für das Zustandekommen einer Bindung muß sein, daß diese Energie geringer ist als die Energie der beiden Atome, wenn sie voneinander getrennt sind.

Angenommen, zwei Atome, die sich im Abstand r voneinander befinden, üben anziehende und abstoßende Kräfte aufeinander aus. Die potentielle Energie jedes der beiden Atome besteht deshalb aus zwei Anteilen, für die wir folgende Formen annehmen müssen:

$$\left.\begin{aligned} &\text{potentielle Energie durch Anziehung} = -\frac{\alpha}{r^m} \\ &\text{potentielle Energie durch Abstoßung} = \frac{\beta}{r^n}\,. \end{aligned}\right\} \qquad (5.1)$$

Diese Potentiale sind sehr schwach, wenn die Atome weit voneinander entfernt und sehr stark, wenn sie nahe beieinander sind. Die Form dieser Potentiale als Funktion von r ist in Bild 5.1a angegeben. Die in Erscheinung tretende potentielle Energie $V(r)$ ist deshalb die Summe dieser beiden Terme,

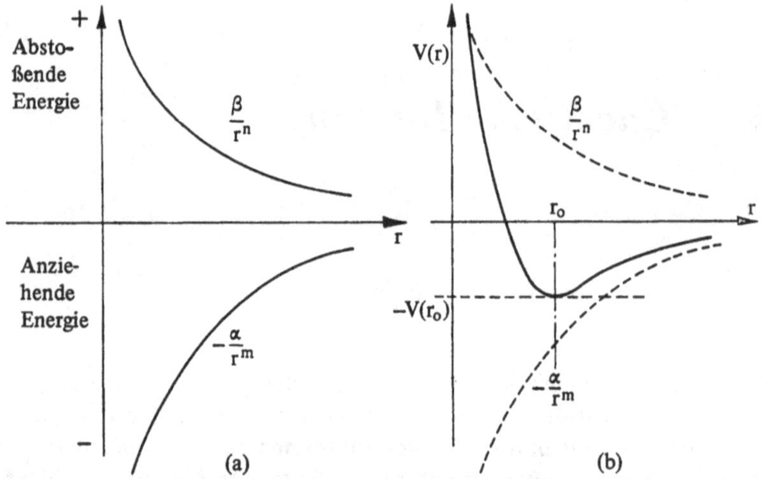

Bild 5.1 (a) allgemeine Form anziehender und abstoßender Potentiale zweier Atome im Abstand r voneinander. (b) Form des daraus resultierenden Potentials, das zur Bildung einer stabilen Bindung erforderlich ist.

so daß

$$V(r) = -\frac{\alpha}{r^m} + \frac{\beta}{r^n} \tag{5.2}$$

gilt, wobei α, β, m und n Konstanten für jedes Atompaar sind.

Eine stabile Bindung bildet sich aus, wenn $V(r)$ einen Minimalwert hat, wie in Fig. 5.1 b dargestellt ist. Dies tritt ein, wenn das anziehende Potential $-\alpha/r^m$ in Gleichung (5.2) überwiegt, wenn r groß ist, und das abstoßende Potential β/r^n dominiert, wenn r klein ist. Entweder durch Betrachtung der Extremalwerte der beiden Terme in Gleichung (5.1) oder durch Differentiation der Gleichung (5.2) ist leicht zu zeigen, daß die Bedingung erfüllt sein muß, daß n immer größer als m ist.

Wenn der Ort des Minimums durch $r = r_0$ gegeben ist, dann ist die Energie für das Minimum $-V(r_0)$. Diese Energie ist als *Dissoziationsenergie* bekannt, da sie die Energie ist, die aufgebracht werden muß (sagen wir in Form von Wärme), um zwei Atome zu trennen (dissoziieren).

Um die Fragen zu beantworten, die in der Einleitung zu diesem Kapitel aufgeworfen wurden, müssen wir natürlich die physikalische Herkunft dieser anziehenden und abstoßenden Potentiale untersuchen. Es stellt sich heraus, daß die üblichsten Arten der chemischen Bindung unter vier Überschriften angeordnet werden können: ionisch (oder heteropolar), kovalent (oder homopolar), metallisch und molekular. Wir werden diese der Reihe nach betrachten.

5.2 Ionische Bindung

Es wird sich herausstellen, daß bei *jeder* der verschiedenen Bindungsarten die anziehenden und abstoßenden Kräfte elektrischer Natur sind. Dieser Tatbestand wird besonders leicht anhand einer Substanz wie des gewöhnlichen Salzes NaCl gezeigt, in der die Bindungen ionisch sind. Wenn NaCl in Wasser gelöst wird, wird die Lösung ein guter Leiter. Dies geschieht dadurch, daß NaCl in der Lösung in Na^+- und Cl^--Ionen dissoziiert, welche zur Kathode bzw. Anode wandern. Man kann daraus folgern, daß festes NaCl aus geladenen Teilchen besteht, die durch die elektrostatische Anziehung zwischen positiven und negativen Ionen zusammengehalten werden.

Warum bilden sich diese Ionen? Wir werden erkennen, daß ein das Zustandekommen aller Bindungsarten beherrschendes Prinzip darin besteht, daß die Edelgaskonfigurationen aller Elektronen außerordentlich stabil sind (deshalb sind solche Gase chemisch beinahe inaktiv). Folglich ist es für Elektronen von zwei verschiedenen Arten von Atomen, von denen keines ein Edelgasatom ist, oft energetisch günstig, sich in eine Edelgas-Elektronenkonfiguration umzugruppieren, und daß die so gebildeten positiven und negativen Ionen durch elektrostatische Anziehung zusammengehalten werden. Dies ist die ionische Bindung.

Als Beispiel betrachten wir wieder ein NaCl Molekül. Natrium hat ein Elektron mehr als das benachbarte Edelgas Neon; Chlor hat ein Elektron weniger als sein benachbartes Element Argon. Wenn folglich ein Elektron des Natriums tatsächlich auf das Chloratom übertragen wird, werden Na^+- und Cl^--Ionen gebildet, die beide edelgasartige Elektronenstruktur aufweisen. Wenn die Ionen sich im Abstand r voneinander befinden, dann ist die Anziehungsenergie gleich $-e/4\pi\varepsilon_0 r$ eV, so daß für diesen Bindungstyp in den allgemeinen Ausdrücken (5.1) und (5.2) $\alpha = e/4\pi\varepsilon_0$ und $m = 1$ ist.

Das Auftreten einer abstoßenden Energie ist eine direkte Folgerung aus dem Ausschließungsprinzip. Wenn man zwei Atome zusammenbringt, wird ein Punkt erreicht, bei dem Elektronen aus der äußeren Schale des einen Atoms die äußere Schale des anderen durchdringen müssen. Wenn letztere aber bereits voll ist (wie es sein wird, wenn eine edelgasartige Elektronenstruktur gebildet wird), kann sie keine zusätzlichen Elektronen mehr aufnehmen. Ein weiteres Eindringen des einen Atoms in das andere würde beträchtliche Energie erfordern und ist deshalb in Wirklichkeit „verboten".

Es ist nicht leicht, die Form der abstoßenden Energie zu berechnen, und es ist ganz bestimmt nicht möglich, davon eine vereinfachte Darstellung zu geben. Untersuchungen der Kompressibilität von Festkörpern haben gezeigt, daß sich n in Gleichung (5.1) von Festkörper zu Festkörper ändert und Werte von ungefähr 6 bis 12 annimmt, was vermuten läßt, daß die abstoßende Energie wahrscheinlich exponentiell ansteigt, wenn zwei Atome einander angenähert werden.

Ein Festkörper ist in Wirklichkeit ein riesengroßes Molekül. Die Energien der Anziehung und Abstoßung werden auf die gleiche Weise bestimmt wie beim einfachen zweiatomigen Molekül, außer daß jedes Ion von einer Vielzahl anderer Ionen umgeben ist, so daß geometrische Effekte mit berücksichtigt werden müssen. Z. B. ist im festen NaCl jedes Cl^--Ion von 6 Na^+-Ionen im Abstand, sagen wir r, umgeben, von 12 Cl^--Ionen im Abstand $r\sqrt{2}$, 8 Na^+-Ionen im Abstand $r\sqrt{3}$ und so weiter. Die Anziehungsenergie ist deshalb gegeben durch

$$V_{\text{attr}} = -\frac{e}{4\pi\varepsilon_0 r}\left(\frac{6}{\sqrt{1}} - \frac{12}{\sqrt{2}} + \frac{8}{\sqrt{3}} - \frac{6}{\sqrt{4}}\cdots\right)\text{eV}$$

$$= -\frac{eA}{4\pi\varepsilon_0 r}\text{eV},$$

wobei A im allgemeinen die MADELUNG-Konstante genannt wird. In diesem speziellen Beispiel ist $A = 1{,}7476$.

Ionenkristalle sind schlechte elektrische Leiter. Die Elektronen, die normalerweise den Strom tragen, sind die gleichen „äußeren" Elektronen, die bei der Bildung der chemischen Bindung mitwirken. Wie wir gesehen haben, bilden diese Elektronen bei dieser speziellen Bindung abgeschlossene Schalen und zeigen daher geringe Neigung, durch Anlegen eines elektrischen Feldes bewegt zu werden. Infolgedessen ist die Leitfähigkeit *für Elektronen* reiner Ionensubstanzen bei allen Temperaturen eigentlich Null. Wenn sich die Temperatur jedoch dem Schmelzpunkt nähert, weisen Ionenkristalle eine geringe elektrische Leitfähigkeit auf, die von der Bewegung der *Ionen* selbst herrührt.

Ionenverbindungen werden aus Atomen gebildet, die von entgegengesetzten Enden des Periodischen Systems stammen; d. h., zwischen Atomen mit der Wertigkeit 1 oder 2, die den Elementen der Edelgase unmittelbar benachbart sind.

Diese Methode kann jedoch nicht ausgedehnt werden (a) auf Moleküle, die aus Atomen der mittleren Spalten des Periodischen Systems gebildet werden, da die mit der Verlagerung von drei oder vier Elektronen verbundene Energie ziemlich groß sein würde, und (b) auf Moleküle, die aus gleichen Atomen gebildet werden, wie H_2 oder O_2. Moleküle dieser Typen werden durch kovalente Bindungen zusammengehalten.

5.3 Kovalente Bindung

Bei diesem zweiten Bindungstyp werden Edelgas-Elektronenkonfigurationen dadurch gebildet, daß die Atome ihre äußeren Elektronen *miteinander teilen*. Betrachten wir zum Beispiel die Bildung eines Methanmoleküls CH_4. Jedes Wasserstoffatom hat ein äußeres Elektron, während jedes Kohlenstoffatom vier besitzt. Die stabilen Elektronenkonfigurationen bilden sich aus, wenn das Elektron eines jeden Wasserstoffatoms sich tatsächlich mit den vier Elektronen, die das Kohlenstoffatom umgeben, vereinigt, was insgesamt acht Elektronen ergibt, und auf diese Weise die äußere Schale von Neon bildet; gleichzeitig kann man es so betrachten, als ob eines der Elektronen des Kohlenstoffs ein Wasserstoffatom an sich binden würde, um auf diese Weise mit dem einzelnen Elektron des Wasserstoffs die einfachste Edelgas-Elektronenkonfiguration (Helium) zu bilden (siehe Bild 5.2). Dies ist die kovalente

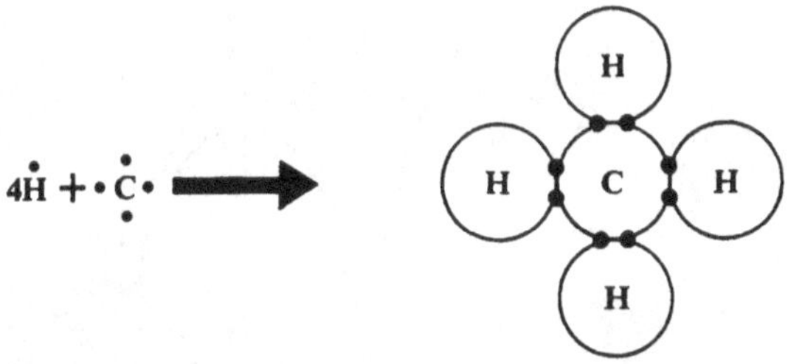

Bild 5.2 Schematische Darstellung der Bildung des kovalenten CH_4-Moleküls. Gezeigt sind nur die äußeren Elektronen.

Bindung. Da hier im Endeffekt keine Elektronen *übertragen* werden, ist es verständlich, daß die Wertigkeit der daran beteiligten Atome ein viel weniger einengendes Kennzeichen sein wird als bei der Bildung von Ionenbindungen. Darüberhinaus gibt es keinen Grund, weshalb zwei ähnliche Atome nicht ein oder mehrere Elektronen gemeinsam haben und stabile Moleküle bilden sollten. Bei zwei Sauerstoffatomen z. B., von denen jedes sechs äußere Elektronen hat, kann dem Ergebnis nach jedes Atom zwei Elektronen dem anderen abgeben, so daß jedes von einer „neonartigen" äußeren Schale umgeben ist.

Um die Ursache für die Energie der Anziehung zu verstehen, betrachten wir die Bildung des einfachsten möglichen Ions, H_2^+, das aus zwei Protonen und einem Elektron besteht. Die potentielle Energie eines Elektrons im Feld eines einzelnen Protons ist gegeben durch den Potentialverlauf, der in Bild 5.3a gezeigt wird. In der Umgebung zweier Protonen, die den Abstand D voneinander haben, muß die potentielle Energie im Bereich um das Zentrum, in dem sich die beiden Potentiale überlappen, herabgesetzt sein (siehe Bild 5.3b). Darüberhinaus muß die Energie im Mittelpunkt zwischen den beiden Protonen zunehmen (im negativen Sinn), wenn D verringert wird. *Unter der Voraussetzung, daß die Elektronen einen wesentlichen Teil ihrer Zeit sich zwischen den beiden Protonen aufhalten,* wird daher die gesamte Energie des Systems herabgesetzt, wenn die Protonen dichter zusammen gebracht werden, und es besteht infolgedessen eine Tendenz, daß sich eine Bindung ausbildet. Tatsächlich besteht eine hohe Wahrscheinlichkeit, daß das Elektron zwischen den beiden Protonen bleibt. Das kann sehr leicht deutlich gemacht

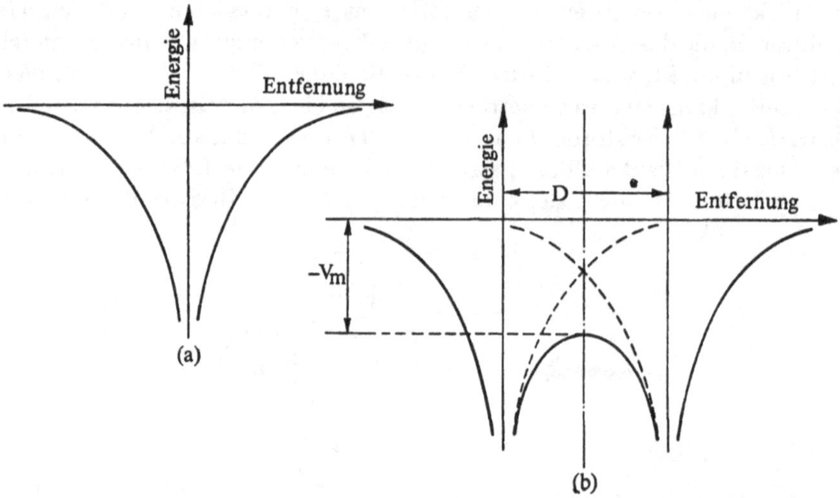

Bild 5.3 (a) Potentialverlauf in der Umgebung eines einzelnen Protons. (b) Potential in der Umgebung zweier Protonen. Wenn ihr Abstand D abnimmt, nimmt $-V_m$ zu.

werden, wenn man die Wellenfunktionen betrachtet, die die beiden Protonen umgeben. Im zentralen Bereich überlappen sich die beiden Wellenfunktionen, so daß ihr Quadrat (das die Wahrscheinlichkeit angibt, ein Elektron an einem vorgegebenen Ort anzutreffen) dort viel größer ist, als anderswo. Überdies gilt, daß diese Zunahme um so größer ist, je enger die beiden Protonen beisammen sind.

Alle anderen kovalenten Bindungen werden auf dieselbe übliche Art gebildet. Fügen wir, z. B., zum H_2^+-Ion ein weiteres Elektron hinzu, so bilden wir ein H_2-Molekül. In diesem Fall ist (a) die Bindungsenergie höher, weil wir jetzt zwei Elektronen an Stelle von einem haben, die sich in dem Bereich niedrigen Potentials aufhalten können, aber (b) ist auch die Bindungsenergie niedriger, wegen der gegenseitigen Abstoßung der Elektronen. In Wirklichkeit ist (a) größer als (b), und die Dissoziationsenergie für H_2 ist 4,75 eV verglichen mit 2,65 eV für H_2^+. Ein allgemeines Kennzeichen kovalenter Bindungen ist, daß sie am stärksten sind, wenn zwei Elektronen daran beteiligt sind.

Nur in diesen einfachen Fällen von H_2^+ und H_2 ist die abstoßende Energie durch die Wechselwirkung zweier Protonen gegeben, so daß $V_{\text{rep}} = e/4\,\pi\,\varepsilon_0\,D$ eV. Im allgemeinen jedoch schirmen die anderen Elektronen den positiven Kern ab, und wie bei der ionischen Bindung ergibt sich die abstoßende Energie überwiegend aus dem Ausschließungsprinzip.

Obwohl alle kovalenten Kristalle bei 0 °K Isolatoren sind, leiten viele Elektrizität bei gewöhnlichen Temperaturen ganz gut. Der Grund dafür liegt darin, daß nun die äußeren Elektronen, die den Strom tragen können, zwischen unmittelbar benachbarten Atomen aufgeteilt sind, und es ist verhältnismäßig wenig Energie erforderlich (verglichen mit dem ionischen Fall), sie dem Einfluß solcher Atome zu entziehen. Die Zahl der Elektronen, die für die Leitung verfügbar sind, ist proportional zu exp $(-\Delta\varepsilon/2\,kT)$ (dem BOLTZMANN-Faktor – Gleichung 4.3), wobei $\Delta\varepsilon$ *die Aktivierungsenergie* der Elektronen ist, für die Werte in der Größenordnung von 1 eV typisch sind. In erster Näherung ist deshalb die elektrische Leitfähigkeit solcher Materialien auch proportional zu exp $(-\Delta\varepsilon/2\,kT)$, wenn wir im Augenblick die Änderung der Driftgeschwindigkeit der Elektronen mit der Temperatur vernachlässigen. Elektrische Leiter, in denen die Leitfähigkeit sich in dieser Weise mit der Temperatur ändert, heißen *Halbleiter*, die aus der Sicht der Technik von ungeheurer Wichtigkeit sind. Bei Raumtemperatur ist ihr spezifischer elektrischer Widerstand von der Größenordnung $10^{-4}\,\Omega$ m bis $10^{+4}\,\Omega$ m, und er liegt damit zwischen den typischen Werten eines Metalls ($10^{-8}\,\Omega$ m) und eines Isolators ($10^{10}\,\Omega$ m bis $10^{12}\,\Omega$ m). Die Elemente Germanium und Silicium, aus denen die meisten Transistoren angefertigt werden, sind gute Beispiele kovalenter halbleitender Kristalle, es gibt aber auch eine Menge anderer Verbindungen (z. B. InSb, GaAs, PbS) mit ähnlichen elektrischen Eigenschaften. Die Brauchbarkeit dieser Elemente und Verbindungen hängt von unserer Fähigkeit ab, die Zahl der Leitungselektronen in ihnen durch eine Vielfalt chemischer und physikalischer Vorgänge zu kontrollieren, worauf wir später zurückkommen werden.

Kovalente Bindungen werden sehr leicht zwischen *elektronegativen* Atomen gebildet; das heißt, Atomen, die Elektronen aufnehmen, um abgeschlossene Schalen zu bilden, und die auf der rechten Seite des Periodischen Systems erscheinen. Jedes dieser Atome besitzt eine Vielzahl von Elektronen in seiner äußeren Hülle, und es ist gar kein Problem, wo die Elektronen hergenommen werden können, die an der Bildung kovalenter Bindungen teilnehmen. Andererseits ist bei *elektropositiven* Atomen, die Elektronen abgeben, um abgeschlossene Schalen zu bilden, das Problem ganz anders gelagert. Das sind die Atome auf der linken Seite des Periodischen Systems, und diese haben sehr wenige Elektronen in ihren äußeren Schalen. Z. B. hat jedes der Alkalimetalle (Li, Na, K, Rb und Cs) nur ein äußeres Elektron pro Atom. Offensichtlich ist keiner der beiden Bindungstypen, die bis jetzt diskutiert wurden, brauchbar, um die Bindungsvorgänge in diesen Elementen zu erklären.

5.4 Metallische Bindung

Wir erkennen, daß bei Alkalimetallen mindestens acht Atome zusammengebracht werden müssen, damit genügend äußere Elektronen zur Verfügung stehen, um eine abgeschlossene Schale zu bilden. Es gäbe dann jedoch zu wenige Elektronen, um alle möglichen Bahnen um diese acht Atome zu füllen, so daß elektropositive Elemente normalerweise keine einfachen Moleküle bilden, die aus einer geringen Zahl von Atomen bestehen. Wenn andererseits eine große Zahl von Atomen zusammengebracht wird, um einen Kristall zu bilden, wird die Gesamtenergie herabgesetzt, und die äußeren Elektronen, obgleich der Zahl nach gering, ,,halten" die positiven Ionen tatsächlich zusammen. Dies nennt man die metallische Bindung.

Die Energie der Anziehung kommt dadurch zustande, daß in Metallen eine beträchtliche Überlappung der äußeren Elektronenschalen erlaubt ist, da in ihnen normalerweise viele Elektronenzustände unbesetzt sind. Das Ergebnis ist, daß die Valenzelektronen im Festkörper näher an den Kernen sind als in einem freien Atom, so daß ihre gesamte potentielle Energie herabgesetzt wird und sich eine stabile Bindung ergibt. Beispielsweise besitzen die 2 *s*-Elektronen im Lithium Wellenfunktionen, deren Ausdehnung viel größer ist als der Abstand der Kerne im Festkörper, so daß die 2 *s*-Elektronen bei der Bildung des Festkörpers im Endeffekt näher an die Kerne herangebracht werden.

Gleichzeitig können die 2 *s*-Wellenfunktionen nicht mehr länger irgendeinem einzelnen Kern gehören, sondern dem Kristall als Ganzem. Das bedeutet, daß das Ausschließungsprinzip gleichzeitig auf *alle* 2 *s*-Elektronen angewendet werden muß. Das Ergebnis ist, daß die kinetische Energie dieser Elektronen Werte im Bereich von Null bis zu ziemlich hoher Energie haben muß, die eine Funktion der Zahl der Elektronen pro Volumeneinheit des Festkörpers ist (z. B. ist für Lithium der obere Wert 4,7 eV). Die mittlere kinetische Energie wird deshalb bei der Bildung des Festkörpers stark erhöht und ist die Ursache der Energie der Abstoßung bei diesem Bindungstyp. Vorausgesetzt jedoch, die Erniedrigung der potentiellen Energie ist größer als diese Zunahme der kinetischen Energie, so kommt es zu einer stabilen Bindung.

Es ist nachdrücklich betont worden, daß die Valenzelektronen keinem bestimmten Atom im Kristall ,,gehören". Das ist ganz anders als die Situation sowohl bei den ionischen als auch den kovalenten Bindungen, bei denen die Valenzelektronen lokalisiert sind. Daher werden in Metallen die äußeren Elektronen durch ein elektrisches Feld leicht beschleunigt, was zu der wohlbekannten hohen elektrischen Leitfähigkeit dieser Materialien führt. Wieder im Gegensatz zu Ionenkristallen und kovalenten Kristallen ist diese Leitfähigkeit bei tiefen Temperaturen besonders hoch (z. B. ist bei Raumtemperatur die elektrische Leitfähigkeit von Silber ($6{,}2 \cdot 10^7\ \Omega^{-1}\ \mathrm{m}^{-1}$, bei 10 °K kann sie aber bis zu $5 \cdot 10^{11}\ \Omega^{-1}\ \mathrm{m}^{-1}$ betragen). Der Grund für diesen Anstieg liegt darin, daß, obwohl die *Zahl* der Leitungselektronen von der Temperatur unabhängig ist, der Umfang der *Streuung*, der diese Elektronen wegen der Zusammenstöße mit den schwingenden Atomen unterliegen, mit sinkender Temperatur abnimmt.

5.5 Molekülbindung

Schließlich müssen wir den Bindungstyp betrachten, der bedingt ist durch die Bildung von Festkörpern aus Gasmolekülen wie O_2 und H_2, ja selbst aus Atomen der Edelgase. Ein charakteristisches Merkmal dieses Festkörpertyps ist, daß die Bindungsenergie der Moleküle sehr niedrig sein muß, da die angeführten Beispiele bei Raumtemperatur gasförmig sind. Dieser Bindungstyp wird *molekular* genannt, und bis zu einem gewissen Umfang kommt er sowohl in der Mehrzahl der Festkörper vor als er auch die hauptsächliche Bindungsform in vielen organischen Verbindungen und in der Festkörperform der Gase darstellt. Er ist deshalb ein sehr verbreiteter Bindungstyp, obgleich er, wie wir sehen werden, vom elektrotechnischen Standpunkt aus von verhältnismäßig geringer Bedeutung ist. Die Kräfte, die die Moleküle zusammenhalten, werden VAN DER WAALS *Kräfte* genannt, und sie bestehen aus einer Kombination *permanenter* und *induzierter* elektrischer *Dipolkräfte*.

Ein Dipol besteht aus zwei Ladungen, $+Q$ und $-Q$ die durch einen kleinen Abstandsvektor $\boldsymbol{l}$ voneinander getrennt sind, mit einem Moment $\boldsymbol{\mu}$, das durch $Q\,\boldsymbol{l}$ definiert ist. Dennoch stellt jedes *Ionenmolekül* in einem Festkörper einen beständigen Dipol dar, und es ist einleuchtend, daß diese Dipole einander anziehen und zur Bindungsenergie des Festkörpers beitragen werden. Es muß jedoch hervorgehoben werden, daß diese Dipole innerhalb der Struktur getrennte A^+ B^--Moleküle sind; die Ionen in einem NaCl-Kristall z. B. sind einfach ein Teil eines riesengroßen Moleküls, und es gibt kein resultierendes Dipolmoment, da die Dipole, die sich aus benachbarten Ionen bilden, sich gegenseitig einfach aufheben. Viele organische Substanzen enthalten permanente Dipole, und auch in festem HCl und in H_2O sind sie vorhanden.

Ebenso, wie sie sich einander anziehen, können diese permanenten Dipole, wenn sie nahe an kugelsymmetrische Atome herangebracht werden, auch Dipole erzeugen. Das Feld des permanenten Dipols verschiebt die Elektronenwolken relativ zu den Kernen und induziert auf diese Weise über die Atome weg Dipole. Die permanenten und *induzierten* Dipole ziehen sich jetzt gegenseitig an und tragen wiederum zur Bindungsenergie bei.

In vielen Molekül-Festkörpern gibt es jedoch keine permanenten Dipole (z. B. in Festkörpern, die aus den Edelgasen gebildet werden), und in diesen Fällen kommt die Bindungskraft allein von der sehr schwachen Anziehung zwischen Dipolen, die momentan bei benachbarten Atomen auftreten. Die Gleichzeitigkeit dieses sehr schwachen Effektes über den ganzen Kristall weg wird *Dispersionskraft* genannt; sie ist in allen Kristallen vorhanden und bewirkt die Bindung wenn „alle Stricke reißen“.

Im allgemeinen sind diese Substanzen Nichtleiter, obgleich der Umfang der Entwicklung auf dem Gebiet der organischen Halbleiter — das sind Festkörper, die sowohl Molekülbindungen als auch kovalente Bindungen enthalten — ständig zunimmt. Jedoch basiert bis jetzt noch keine der vielen allgemein bekannten Anwendungen von Halbleitern auf diesen Substanzen. Andererseits ist das Vorhandensein permanenter Dipole äußerst nützlich, da Festkörper (oder Flüssigkeiten), die sie enthalten, durch ein elektrisches Feld polarisiert werden und als ausgezeichnete Dielektrici wirken können.

5.6 Wasserstoffbindung

Das Besondere am Wasserstoff ist, daß jedes Atom nur ein Elektron enthält, so daß, wenn dieses an der Bildung einer kovalenten Bindung teilnimmt, keine „inneren" Elektronen übrig bleiben und der positive Kern bloßgelegt wird. Diese positive Ladung wird daher zu jeder benachbarten Elektronenwolke hingezogen, und es wird ein besonderer Bindungstyp, als Wasserstoffbindung bekannt, gebildet. Diese Bindung ist besonders stark, wenn das andere daran beteiligte Atom elektronegativ mit niedriger Ordnungszahl ist (z. B. O, S, N, Cl oder F). Elektrisch ist sie ohne besondere Bedeutung, aber sie ist sehr verbreitet, da Wasserstoff in vielen organischen und anorganischen Substanzen vorkommt.

5.7 Zusammenfassung

Wir haben die vier hauptsächlich vorkommenden Bindungstypen unter getrennten Überschriften behandelt, es muß jedoch betont werden, daß die Bindungen in vielen Festkörpern nicht ausschließlich vom einen oder anderen

Tabelle 5.1 Beziehung zwischen chemischer Bindung und elektrischen Eigenschaften

Bindungstyp	Beispiel	Elektrische Eigenschaften
Ionenbindung	NaCl	Unterhalb der Raumtemperatur sehr geringe Leitfähigkeit. Bei Annäherung der Temperatur an den Schmelzpunkt tritt schwache *Ionenleitung* auf, Elektronenleitung ist jedoch immer zu vernachlässigen.
kovalente Bindung	Ge InSb	Alle Halbleiter sind kovalent. Bei tiefen Temperaturen normalerweise sehr geringe Leitfähigkeit, bei Raumtemperatur kann die Leitfähigkeit aber ganz beträchtlich werden ($\sim 10^4\ \Omega^{-1}\ m^{-1}$).
metallische Bindung	Li	Hohe elektrische Leitfähigkeit, *besonders* bei tiefen Temperaturen.
Molekülbindung	feste „Gase"	Vernachlässigbare elektrische Leitfähigkeit, jedoch gute dielektrische Eigenschaften.

Typus sind. Dies wird offenkundig, wenn die Kristallstruktur sich ein wenig von derjenigen unterscheidet, die vorhanden wäre, wenn nur eine ganz bestimmte Bindungsart vorkäme. Es ist auch einzusehen, daß in geschichteten Strukturen wie Graphit oder GaSe der Bindungstyp *innerhalb* der Schichten verschieden ist von dem der Schichten *untereinander*, und tatsächlich findet man, daß die elektrischen Eigenschaften in den beiden Richtungen ganz verschieden voneinander sind. Trotzdem überwiegt normalerweise in jedem Festkörper ein Bindungstyp alle anderen bei weitem, so daß es ,,chemisch" ziemlich klar ist, ob die Substanz sich wie ein Isolator, ein Halbleiter oder ein Metall verhalten wird.
Die Beziehungen, die wir in diesem Kapitel zwischen der Art der chemischen Bindungen in Festkörpern und deren elektrischen Eigenschaften hergestellt haben, sind in Tabelle 5.1 zusammengestellt.

Ergänzende Literatur

Cartmell, E., Fowles, G. W. A., Valency and Molecular Structure, Butterworths, London, 1966.

Coulson, C. A., Valence, Oxford University Press, 1961.

Seel, F., Atomic Structure and Chemical Bonding, Methuen Monographs, London, 1963.

Sinnott, M. J., The Solid State for Engineers, John Wiley and Sons, Inc., New York and London, 1958.

Sproull, R. L., Modern Physics, John Wiley and Sons, Inc., New York and London, 1956.

Wert, C. A., Thomson, R. M., Physics of Solids, McGraw-Hill Book Co., New York and London, 1964.

Aufgaben

5.1 Man zeige, daß die Bedingung für ein Minimum im Ausdruck für die potentielle Energie zwischen zwei Atomen von der Form

$$V(r) = -\frac{\alpha}{r^m} + \frac{\beta}{r^n},$$

wenn man die erste und zweite Ableitung verwendet, $n > m$ lautet.

5.2 Die potentielle Energie $V(r)$ zwischen zwei Ionen entgegengesetzter Ladung ist gegeben durch

$$V(r) = -\frac{\alpha}{r} + \frac{\beta}{r^9},$$

wobei r der Abstand zwischen den beiden Kernen ist. Man zeige, daß die beiden Ionen ein stabiles Molekül bilden können, und man bestimme den

Gleichgewichtsabstand r_0 in Termen von α und β. Für den Fall, daß jedes Ion tatsächlich eine einzige Ladung trägt, berechne man die Dissoziationsenergie des Moleküls in Elektronenvolt, wenn für r_0 experimentell der Wert von 3 Å ermittelt wurde.

5.3 Man zeige, daß die MADELUNG-Konstante für eine lineare Kette, die abwechselnd aus positiven und negativen Ionen besteht, 2 ln2 ist.

5.4 Man bestimme die ersten vier Glieder einer Reihe für die MADELUNG-Konstante eines zweidimensionalen quadratischen Gitters, das abwechselnd aus positiven und negativen Ionen aufgebaut ist.

5.5 Wie viele Elemente sind bei Raumtemperatur fest? Welcher Bruchteil davon sind Metalle? Welche Metalle sind die besten elektrischen Leiter, und wo liegen sie im Periodischen System?

5.6 Man leite die Natur der chemischen Bindung in folgenden Kristallen aus der Lage der sie bildenden Atome im Periodischen System ab:

(a) Indiumantimonid, InSb
(b) Natrium, Na
(c) Argon, A
(d) Lithiumfluorid, LiF
(e) Selen, Se
(f) Niob, Nb.

6. *Elektronen in Festkörpern – Bandstruktur*

Obwohl aus Gründen, die wir gerade behandelt haben, die Werte der elektrischen Leitfähigkeit bei Metallen und Halbleitern sich stark voneinander unterscheiden, gibt es bei den Leitungsvorgängen doch viele charakteristische Erscheinungen, die beiden gemeinsam sind. Z. B. ist das Modell des freien Elektrons in gleicher Weise auf beide Arten von Leiter anwendbar. Weil jedoch die Zahl der Leitungselektronen pro Volumeinheit in den beiden Fällen so verschieden voneinander ist, unterscheidet sich die Anwendung der Theorie in Einzelheiten ganz erheblich. In den nächsten beiden Kapiteln werden wir deshalb die Merkmale der Theorie darlegen, die allen leitenden Festkörpern gemeinsam sind, und werden dann mit Kapiteln fortfahren, die Metallen bzw. Halbleitern gewidmet sind. Die allgemeine Theorie ist in zwei Teile aufgespalten worden, weil es zwei Hauptprobleme gibt, die behandelt werden müssen. Diese sind:

a) Welche Beziehung besteht zwischen den Leitungselektronen in einem Festkörper und den Elektronen in einem isolierten Atom? Wie groß ist die Energie dieser Leitungselektronen, und warum können wir sie uns als „frei" vorstellen?

b) Inwiefern können sie frei sein, wenn uns das Vorhandensein des elektrischen Widerstandes vermuten läßt, daß immer eine geringe Wechselwirkung besteht zwischen den driftenden Elektronen, die den elektrischen Strom bilden, und den schwingenden Ionen, an denen sie vorbeifließen? Angenommen, solch eine Wechselwirkung besteht, wie beschreiben wir sie?

In diesem Kapitel werden wir uns mit dem ersten Teil der Fragen befassen.

6.1 Das Modell des freien Elektrons

Wir beginnen damit, die beiden wichtigsten Annahmen des Modells niederzuschreiben:

a) Die Leitungselektronen verhalten sich einander gegenüber wie ungeladene Teilchen.

b) Das Potential innerhalb des Kristalls muß im wesentlichen einheitlich sein.

Da jedoch beide Thesen auf den ersten Blick offensichtlich unrichtig sind, müssen wir etwas ausführlicher zeigen, wie sie aus der Sicht unseres Wissens über die Elektronen in Festkörpern gerechtfertigt werden können. (Das gesamte Problem des Modells des freien Elektronengases ist ein glänzendes Beispiel dafür, wie die Physik vorgeht. Man macht Annahmen, die äußerst grob sind, und bemerkt, daß sich das Modell überraschend gut bewährt. Die Annahmen müssen dann „gerechtfertigt" werden.)

Annahme (a) könnte bei Abwesenheit positiver Ionen niemals gerechtfertigt werden. In jeder Anhäufung von Elektronen im freien Raum wäre die gegenseitige COULOMB-Abstoßung der Elektronen so überwältigend, daß sie einfach nach allen Richtungen hin zerstreut würden. Die Elektronen werden jedoch durch die COULOMBsche Anziehung der positiven Ionen im Festkörper festgehalten. Was das einzelne Elektron anbelangt, so bewegt es sich einfach in einem „See" aller anderen Elektronen, und der Haupteinfluß dieses „Sees" besteht darin, das Potential, das jedes Elektron spürt, zu modifizieren. In Wirklichkeit brauchen wir die gegenseitige Abstoßung der Elektronen nicht zu beachten und können jedes Elektron so behandeln, als sei es ein einzelnes Teilchen.

Wir wollen diesen Punkt etwas eingehender diskutieren. Wir betrachten, was sich ereignet, wenn wir eine negative Ladung $-Q$ in den Elektronensee bringen. Diese Ladung wird einige Elektronen in ihrer unmittelbaren Umgebung abstoßen, da jedoch immer ein gleichmäßiger Untergrund positiver Ladung vorhanden ist (wir machen hier von der Annahme (b) Gebrauch), wird diese Abstoßung nur so lange anhalten, bis $-Q$ durch $+Q$ neutralisiert ist (siehe Bild 6.1). Daher wird die zusätzliche Ladung aus einiger Entfernung als elektrisch neutral erscheinen, und sie wird gewöhnlich als *abgeschirmte* Ladung bezeichnet. Dieses Argument wenden wir dann auf jedes Elektron im Elektronengas an; das Elektron ist von einem Bereich positiver Ladung umgeben und bewegt sich deshalb als neutrales Teilchen durch das Gas.

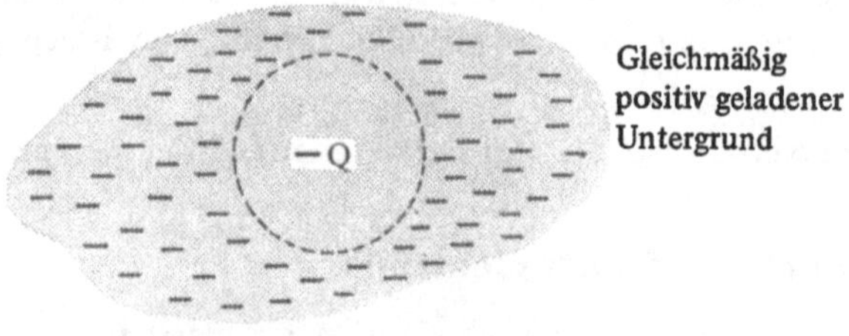

Bild 6.1 Die Ladung $-Q$ stößt Elektronen in ihrer Umgebung ab, bis die positive Ladung, die als Untergrund vorhanden ist, $+Q$ wird. Die hinzugefügte Ladung wird daher durch die anderen Elektronen abgeschirmt.

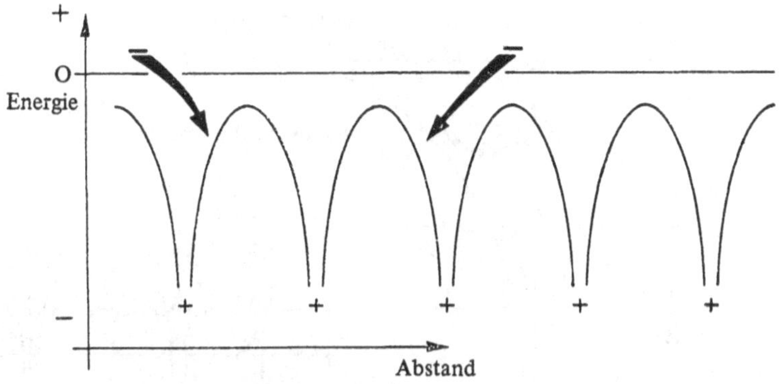

Bild 6.2 Verlauf der potentiellen Energie längs einer Reihe positiver Ionen. Elektronen fallen scheinbar in die „Mulden“.

Annahme (b) erscheint ebenfalls unrealistisch, da wir annehmen könnten, daß eine Reihe positiver Ionen zu einer Reihe tiefer Potentialmulden führt (siehe Bild 6.2), von denen jede ein Elektron bindet, um die Neutralität sicherzustellen. Das Problem ist gelöst, wenn man erkennt, daß sich die Energieniveaus der äußeren Elektronen 1. überlappen und 2. zu Bändern verbreitern, wenn Atome sich aneinanderlagern und Festkörper bilden. Die Ursache dafür ist ein entscheidender Teil der gesamten Argumentation, deshalb wollen wir diesen Punkt im nächsten Abschnitt ausführlich untersuchen.

6.2 Energiebänder in Festkörpern

Der Energieverlauf eines isolierten Atoms ist in Bild 6.3a dargestellt. In diese Darstellung haben wir sowohl die Kurven der potentiellen Energie als auch die quantisierten Energieniveaus, die man aus der Lösung der entsprechenden SCHRÖDINGER-Gleichung erhält, eingezeichnet, und wir haben ihr grobe Skizzen überlagert, die den räumlichen Verlauf der zugehörigen Wellenfunktion zeigen. Wir erkennen, daß die verschiedenen Elektronen im wesentlichen auf den Bereich innerhalb der Potentialmulde beschränkt sind, obwohl die Wellenfunktionen nicht unvermittelt auf Null abfallen. Alle tiefen Niveaus werden von den „Rumpfelektronen“ aufgefüllt, während die Leitungselektronen, die uns interessieren, das höchste Niveau (oder möglicherweise die beiden höchsten Niveaus) besetzen werden.

In Abschnitt 5.3 erwähnten wir, daß im Bereich zwischen zwei Atomen die Potentiale sich überlappen und auf einen Wert, der unter dem des Atoms liegt, abfallen; in einem Festkörper wiederholt sich dieser Vorgang offensichtlich über den ganzen Kristall. Infolgedessen können sich die Wellenfunktionen, die den Elektronen mit der höchsten Energie entsprechen, im gesamten Kristall ausbreiten und mischen, und sie sind nicht mehr auf die einzelnen

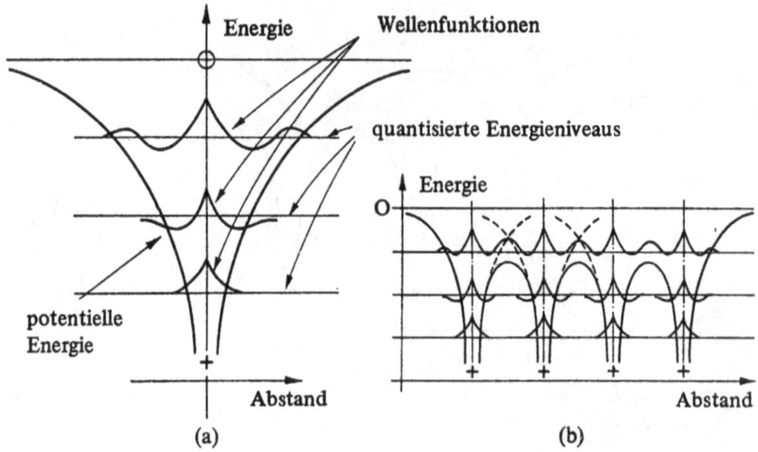

Bild 6.3 Potentielle Energie, quantisierte Energieniveaus und die Wellenfunktionen (a) in einem isolierten Atom, (b) bei einer Atomreihe.

Potentialmulden beschränkt. Wir erkennen, daß die Elektronen in diesen höheren Energieniveaus – die Leitungselektronen – deswegen *überall* im Kristall mit der gleichen Gesamtenergie anzutreffen sind. Die tiefe negative Potentialmulde in unmittelbarer Umgebung jedes Atomrumpfes wird mehr als ausgeglichen durch eine große kinetische Energie, so daß die Elektronen nie an einzelne Ionen gebunden sind. Die Elektronen bewegen sich in einem *effektiven* Potential, das, verglichen mit ihrer kinetischen Energie, ganz klein ist und, wenigstens in erster Näherung, als konstant angesehen werden kann.

Es gibt einen anderen Effekt, den man im Zusammenhang mit dieser Verschmierung der Wellenfunktionen berücksichtigen muß. Wenn sie sich überlappen, können sie auf vielerlei Arten miteinander kombiniert werden; zu jeder gehört eine etwas andere Energie (siehe Bild 6.4). Die Energieniveaus

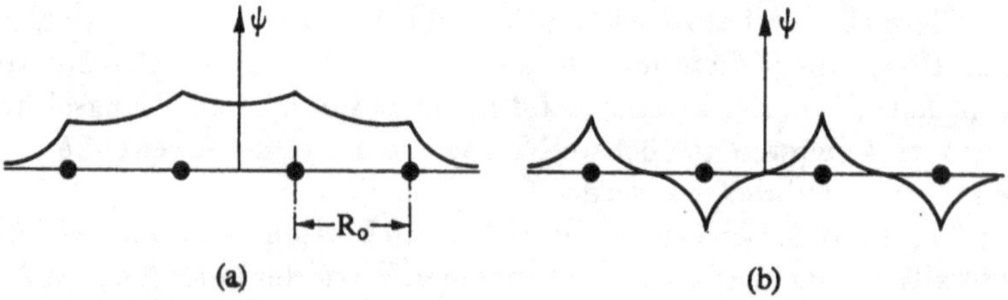

Bild 6.4 Kombinationsmöglichkeiten von 1 s-Wellenfunktionen (siehe Bild 2.7) (a) für kleinste Energie, (b) für größte Energie. Andere Energien erhält man durch die übrigen Kombinationen der $+\psi$- und $-\psi$-Funktionen.

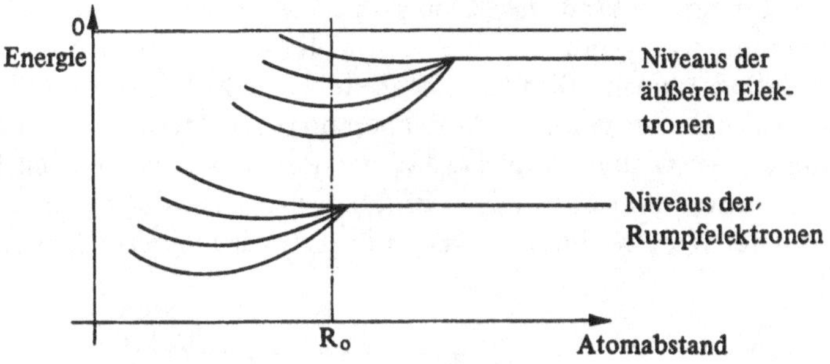

Bild 6.5 Aufspaltung der Energieniveaus, wenn vier Atome zusammengebracht werden. Der Gleichgewichtsabstand R_0 entspricht einem Minimum der Gesamtenergie.

rücken deshalb etwas auseinander, und in Bild 6.5 zeigen wir schematisch, was geschieht, wenn wir den Abstand zwischen vier gleich weit voneinander entfernten Atomen verringern. Zunächst verbreitern sich die äußeren Energieniveaus und, wenn wir den Abstand noch weiter verringern und sich die Wellenfunktionen der Rumpfelektronen überlappen, verbreitern sich deren Energieniveaus ebenfalls. Aus Gründen, die in Kapitel 5 erläutert wurden, muß die Energie des Festkörpers geringer sein als die Energie des einzelnen Atoms, so daß im Durchschnitt die Energieniveaus absinken, wenn die Wellenfunktionen sich zu überlappen beginnen. Wenn jedoch der Abstand der Atome voneinander sehr gering wird, wird die abstoßende Energie überwiegen, und die Energieniveaus werden wieder angehoben. Der Gleichgewichtsabstand der Atome wird dem gesamten System entsprechen, das minimale Energie hat.

In einem Kristall aus N Atomen spielen sich die gleichen Effekte ab. Wenn die Atome zusammengebracht werden, um einen Festkörper zu bilden, spaltet

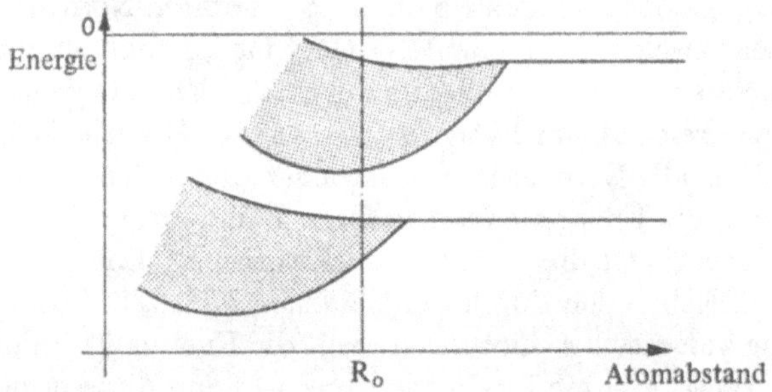

Bild 6.6 Aufspaltung der Energieniveaus, wenn eine große Zahl Atome zusammengebracht wird. Man beachte die große Ähnlichkeit des Bereichs, in dem diese Niveaus liegen, mit demjenigen in Bild 6.5.

sich jeder Energiezustand des Atoms in N Niveaus auf, und die mittlere Energie nimmt so lange ab, bis die Atome sich im Gleichgewichtszustand voneinander befinden (siehe Bild 6.6). Wir stellen jedoch fest, daß die Energie*verbreiterung* bei einem gewissen Atomabstand für N Atome etwa gleich ist der für 4 Atome. Der Grund dafür ist, daß bei den beiden extremsten Kombinationen der Wellenfunktionen (siehe Bild 6.4) der Wert der Energie nicht entscheidend vom Wert N abhängt. Wenn N groß wird (typisch ist ein Wert von

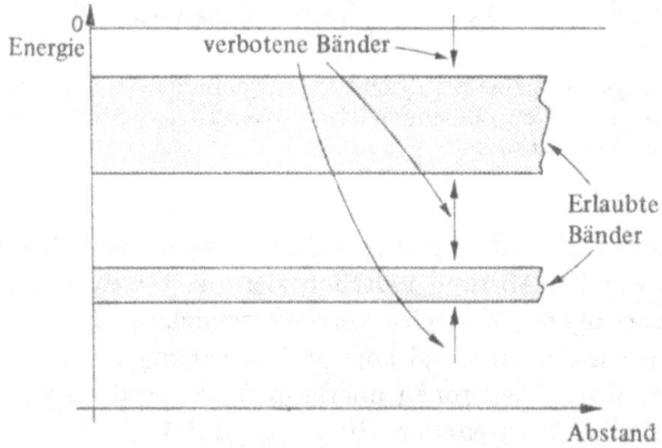

Bild 6.7 Erlaubte und verbotene Energiebänder in einem Kristall. Dies sind die Energiewerte für R_0 in Bild 6.6.

$5 \cdot 10^{28}\ \mathrm{m}^{-3}$), müssen die entsprechenden N Niveaus daher sehr dicht nebeneinander liegen, um in diesen Energiebereich hineinzupassen; man sagt, sie bilden ein *Band erlaubter Energien*, und sie sind im allgemeinen von einem benachbarten Band durch ein *verbotenes Energieband* getrennt. Die räumliche Ausdehnung dieser Bänder wird in Bild 6.7 gezeigt.

Die gesamte Energie eines Elektrons in einem bestimmten Niveau eines Bandes ist die Summe zweier Komponenten: (1) Eine „Atomkomponente“ ε_a (sowohl kinetische als auch potentielle), die etwa der Energie gleicht, die ein Elektron in einem freien Atom haben würde. Diese Energie hat in einem bestimmten Band für alle Niveaus im wesentlichen den gleichen Wert, so daß sie in Bild 6.7 durch die Energie an der unteren Bandkante dargestellt wird. (2) Die restliche Energie ist die „translationskinetische“ Energie ε_t, die von der Bewegung der Elektronen durch den *gesamten* Kristall herrührt. Diese kinetische Energie kommt zu ε_a hinzu und stellt die Energie über der unteren Bandkante dar. Diese Energie interessiert uns — denn diese ermöglicht es den Elektronen, sich wie freie Elektronen zu verhalten — während ε_a das effektive Potential ist, das in Annahme (b) für das Modell des freien Elektrons gefordert wird.

6.3 Isolatoren und Leiter

Aus dem Studium dieser Energiebänder ergibt sich ein weiterer, für das Verständnis der leitenden Festkörper außerordentlich wichtiger Sachverhalt. Wenn sich die Wellenfunktionen überlappen und sich Bänder ausbilden, muß das Ausschließungsprinzip für die Elektronen natürlich auf den Kristall *als Ganzes* angewendet werden. Nur zwei Elektronen, in jedem Spinzustand eines, können im gleichen Zustand sein, so daß das Band entweder *teilweise*, bis zur FERMI-Kante ε_F (siehe Kapitel 4) oder *vollständig* besetzt ist. Wenn das Band vollständig besetzt ist, können die Elektronen von einem angelegten elektrischen Feld nur dann elektrische Energie aufnehmen, wenn es ausreichend hoch ist, um die Elektronen über das verbotene Band (Energielücke, gap) hinweg in ein leeres Band auf noch höhere Energie anzuheben. Ein solches Feld würde in der Praxis unrealistisch hoch sein, von der Größenordnung 10^7 V m^{-1}, so daß ein Festkörper mit einem vollbesetzten äußeren Band ein Isolator ist. Daraus folgt die wichtige Regel: *Je nachdem, ob die Energiezustände des äußersten Energiebandes eines Materials vollständig oder nur teilweise besetzt sind, handelt es sich um einen Isolator oder einen Leiter.*
Als Beispiel betrachten wir Lithium. Das äußere Band wird dem verbreiterten 2 s-Niveau entsprechen, so daß in einem Kristall mit N Atomen 2 N Elektronen in den N dicht nebeneinanderliegenden Niveaus untergebracht werden könnten. Nun trägt jedes Atom ein Elektron zum Band bei, so daß die N Elektronen die Hälfte der verfügbaren Zustände besetzen. Deshalb ist Lithium ein guter Leiter.
Leider ist die Frage, ob ein äußeres Band besetzt ist oder nicht, nicht immer ganz so einfach zu beantworten. Oft überlappen sich die beiden äußeren Energiebänder, so daß ein Material, welches auf den ersten Blick ein Isolator zu sein scheint, in Wirklichkeit ein Leiter ist. Betrachten wir das nächste Element nach Lithium—Beryllium. In diesem Fall gibt es zusätzlich zu den Rumpfelektronen zwei „äußere" Elektronen pro Atom, und diese besetzen scheinbar gerade die N Niveaus im 2 s-Band. In Wirklichkeit überlappen sich jedoch das 2 s- und das 2 p-Band, so daß den 2 N Elektronen $(2\,N + 6\,N) = 8\,N$ Zustände zur Verfügung stehen und diese Substanz wieder ein Leiter ist. Wir erkennen daraus, daß, obwohl die genaue Struktur dieser Bänder vielleicht schwer vorherzusagen ist, die Art und Weise, wie sie besetzt werden, jedoch von grundlegender Wichtigkeit für unser Verständnis der elektrischen Eigenschaften des in Frage kommenden Materials ist. Wie wir später sehen werden, ist es auch möglich, Halbleiter mit diesem Bändermodell zu beschreiben.

6.4 Statistischer Charakter der Geschwindigkeit

Für freie Elektronen ist die Energie-Impuls-Beziehung in der Form $\varepsilon = p^2/2m$ geschrieben worden. Wir müssen uns jedoch daran erinnern, daß die Elektronen sowohl Wellen- als auch Teilchencharakter aufweisen, so daß die Energiegleichung auch geschrieben werden kann

$$\varepsilon = \frac{1}{2} m \left(\frac{h}{\lambda}\right)^2 = \frac{h^2}{2\,m}\left(\frac{1}{\lambda}\right)^2 = \frac{h^2}{8\,\pi^2\,m}\,k^2\,. \tag{6.1}$$

In Abschnitt 1.2.1 haben wir die BRAGGsche Gleichung diskutiert, und wir stellten dabei fest, daß die Welle nicht durch den Kristall hindurchgehen kann, wenn die Bedingung erfüllt ist, daß $n\,\lambda = 2\,d$ ist (wobei d der Abstand der Atome ist). Im Falle, daß $\lambda = 2\,d/n$ ist, d. h. $k = n\,\pi/d$, muß etwas mit der Gleichung (6.1) „schiefgehen“.

Die genaue Analyse hängt vom Unterschied zwischen der Wellenfunktion eines wirklich freien Elektrons und derjenigen eines Elektrons in einem Kristall ab. Ein freies Elektron bewegt sich in einem konstanten Potential, und die Lösung der eindimensionalen SCHRÖDINGER-Gleichung (Gleichung 2.8) ist von der Form $\psi = A \exp(i\,k\,x)$. Das ist eine ebene Welle mit der Eigenschaft, daß $|\psi|^2 = A^2 =$ konstant ist; die Wahrscheinlichkeit ist gleich groß, das Elektron irgendwo im Raum zu finden. Andererseits ist das Potential $V(x) = V(x + d)$ mit d periodisch. Die Lösungen der SCHRÖDINGER-Gleichung in Form ebener Wellen werden jetzt durch einen Faktor modifiziert, der die gleiche Periodizität aufweist wie das Potential. Die Lösungen — als BLOCH-*Funktionen* bekannt — sind von der Form

$$\psi = u(x) \exp(i\,k\,x)\,, \tag{6.2}$$

wobei $u(x) = u(x + d)$ ist. Die Wahrscheinlichkeitsfunktion $|\psi|^2$ ist deshalb nicht über den gesamten Kristall konstant, obgleich sie jeweils zwischen zwei Atomen auf die gleiche Art verläuft.

Wichtig ist jedoch, daß wir jetzt einen weiteren „Beweis“ dafür besitzen, daß sich Elektronen in Kristallen auffallend ähnlich wie freie Elektronen verhalten. Gleichung (6.2) stellt eine modulierte fortlaufende Welle dar, die durch den Wert k gekennzeichnet werden kann. Das ε solcher Elektronen, als Kurve gegen k aufgetragen, folgt der durch Gleichung (6.1) gegebenen Parabel für freie Elektronen, jedoch treten Diskontinuitäten bei k-Werten auf, die keine freie Ausbreitung durch den Kristall zulassen; das geschieht bei $k = n\,\pi/d$ (siehe Bild 6.8). Ein weiteres Mal gelangen wir also auf einem ganz anderen Weg zu einem Bild erlaubter und verbotener Energiebänder. Wegen einer detaillierten Diskussion der BLOCH-Funktionen und der Kurve, in der ε gegen k aufgetragen ist, die sich unter Annahme einer einfachen Potentialform ergibt (das KRONIG-PENNEY-Modell), siehe DEKKER, Solid State Physics, Macmillian and Co. Ltd., London, 1960, Seite 240—247.

Für freie Elektronen erhalten wir aus Gleichung (6.1)

$$\frac{d\varepsilon}{dk} = \frac{h^2\,k}{4\,\pi^2\,m} = \frac{h\,v}{2\,\pi}\,,$$

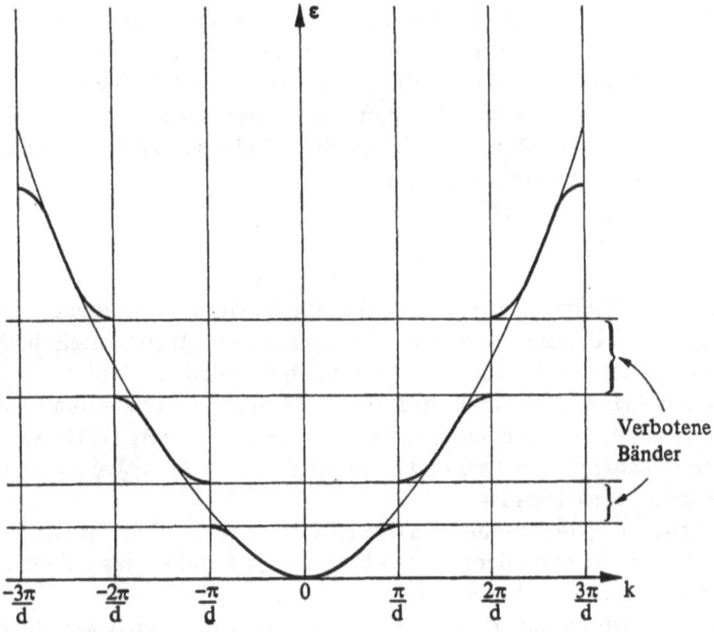

Bild 6.8 Energie als Funktion der Wellenzahl; es ergeben sich Unstetigkeiten bei $k = n\,\pi/d$.

wobei v einer der statistisch verteilten Werte der Translationsgeschwindigkeit ist. Anders ausgedrückt ist

$$v = \frac{2\,\pi}{h}\frac{d\varepsilon}{dk}. \tag{6.3}$$

(Für eine Anhäufung von Wellen ist v in Wirklichkeit die *Gruppengeschwindigkeit* – die Geschwindigkeit, mit der sich ein Wellenpaket durch den Kristall bewegt).

In der Tat kann man zeigen, daß dies eine allgemein gültige Gleichung ist, die selbst dann anwendbar ist, wenn die Elektronen nicht „frei" sind. Wir haben bereits betont, daß für $k = n\,\pi/d$ die Welle nicht durch das Gitter laufen könnte, so daß bei diesen k-Werten v und deshalb auch $d\varepsilon/dk$ gleich Null sein sollten. Dieser Sachverhalt ist in Bild 6.8 dargestellt, dem wir entnehmen, daß alle gegen k aufgetragenen ε-Kurven an den Diskontinuitäten parallel zur k-Achse verlaufen.

6.5 Effektive Masse und Löcher

Bilden wir die zweite Ableitung von ε nach k, so finden wir, daß für freie Elektronen

$$\frac{4\,\pi^2}{h^2}\frac{d^2\,\varepsilon}{dk^2} = \frac{1}{m} \tag{6.4}$$

ist. Den ε-Kurven, die in Bild 6.8 dargestellt sind, entnehmen wir jedoch, daß diese Näherung nur in der Nähe des unteren Bandrandes gemacht werden kann; anderswo wird die Gleichung nicht erfüllt, und an der Form der Kurven wird tatsächlich deutlich, daß nahe dem oberen Rand der Bänder $\mathrm{d}^2\varepsilon/\mathrm{d}k^2$ negativ sein wird! Wir überwinden diese Schwierigkeiten, indem wir eine *effektive Masse* m^* definieren durch

$$\frac{4\,\pi^2}{h^2}\frac{\mathrm{d}^2\varepsilon}{\mathrm{d}k^2}=\frac{1}{m^*}, \tag{6.5}$$

so daß sich Elektronen mit einer durch Gleichung (6.5) angegebenen Masse im Kristall zu bewegen scheinen. (Im Umgang mit Argumenten, bei denen die effektive Masse vorkommt, ist große Vorsicht geboten, weil dieser Begriff in mehreren Arten verwendet wird, die nicht alle gleichbedeutend sind). Man hat für m^* in verschiedenen Metallen und Halbleitern Werte erhalten, die zwischen weniger als 0,1 m_0 und mehr als 10 m_0 liegen, wobei m_0 die Ruhmasse eines freien Elektrons ist.

Was bedeutet jedoch eine negative effektive Masse? Das ist die Masse eines *leeren Zustandes* nahe dem oberen Rand eines Bandes, das beinahe ganz mit Elektronen besetzt ist. Da ein derartiger Zustand die negative Ladung einer Elektronenladung hat, das heißt $-(-e)$, verhält er sich wie ein *positiv* geladenes Teilchen. Die Vorstellungen von einer negativen Masse und einer positiven Ladung sind äquivalent, weil die NEWTONschen Gleichungen $-m\,a=-e\,E$ und $m\,a=e\,E$ offensichtlich indentisch sind. Diese unbesetzten Zustände, die sich in dieser interessanten Weise verhalten, werden *Löcher* genannt, und sie sind wichtig für ein Verständnis der Halbleitereigenschaften. Löcher spielen auch in einer Anzahl von Metallen, wie Zink und Antimon, eine wichtige Rolle, wir werden jedoch unser Studium auf diejenigen Metalle beschränken, die der Vorstellung vom freien Elektronengas näher kommen.

6.6 Zusammenfassung

In diesem Kapitel haben wir die Rechtfertigung der Theorie des freien Elektrons in Metallen und ihre Grenzen gezeigt. Ein Leitungselektron in einem Metall ist im wesentlichen ein ungeladenes Teilchen, das sich in einem konstanten Potential bewegt.

Alle diese Elektronen haben Energien, deren Werte in einem Bereich liegen, den man Energieband nennt. Das Band entsteht durch die Verbreiterung der Energievnieaus der Atome, wenn sich die Wellenfunktionen bei der Bildung des Festkörpers überlappen. Das Band wird entsprechend dem PAULI-Prinzip besetzt und je nachdem, ob das Band vollständig oder unvollständig besetzt ist, handelt es sich bei der Substanz um einen Isolator oder Leiter.

Tatsächlich können Elektronen in einem Metall nicht vollständig frei sein, so daß die Energie-Wellenzahl-Parabel an den Stellen, an denen die Wellenzahl der Bedingung für BRAGG-Reflexion genügt, Diskontinuitäten aufweist. Es stellt sich heraus, daß Elektronen in der Nähe des unteren Bandrandes als frei angesehen werden können, wohingegen Elektronen nahe dem oberen Bandrand sich wie freie „Löcher" verhalten, d. h. wie Elektronen mit einer positiven Ladung.

Der Wert der Geschwindigkeit und die effektive Masse der Leitungselektronen werden durch den Ausdruck (6.3) bzw. (6.5) beschrieben. Diese Formeln gelten ganz allgemein und können auf Elektronen irgendeiner Energie im Band angewendet werden, vorausgesetzt, die Energie-Wellenzahl-Kurve ist bekannt.

Ergänzende Literatur

DEKKER, A. J., Solid Physics, Macmillan and Co. Ltd., London, 1960.

KITTEL, CH., Einführung in die Festkörperphysik, R. Oldenbourg Verlag, München und Wien, 1969.

MOTT, N. F., JONES, H., The Theory of the Properties of Metals and Alloys, Dover Publications Inc., New York, 1958.

SPROULL, R. L., Modern Physics, John Wiley and Sons Inc., New York and London, 1956.

WERT, C. A., THOMSON, R. M., Physics of Solids, McGraw-Hill Book Co., New York and London, 1964.

ZIMAN, J. M., Electrons in Metals, Taylor and Francis Ltd., London, 1963.

ZIMAN, J. M., Principles of the Theory of Solids, Cambridge University Press, 1964.

Aufgaben

6.1 Wie, vermuten Sie, sind die folgenden beiden Erscheinungen in Einklang zu bringen?

(a) Silizium ist bei $T = 0$ ein Isolator.

(b) In atomarem Silizium enthält das äußere Energieniveau ($3\,p$) zwei Elektronen pro Atom, vier Zustände pro Atom bleiben unbesetzt.

6.2 Man zeige, daß in einem Metall mit freien Elektronen die mittlere Translationsenergie $\langle \varepsilon_t \rangle$ gegeben ist durch $\langle \varepsilon_t \rangle = 3_F\, \varepsilon/5$.

6.3 Bei welchen Werten von k und λ treten in den $\varepsilon(k)$-Kurven eines typischen Leiters Diskontinuitäten auf? Wie groß sind diese verglichen mit den Werten für k und λ der Elektronen an der FERMI-Kante eines typischen Metalls? Wie groß sind in den beiden Fällen die Translationsgeschwindigkeiten?

6.4 Elektronen nahe dem oberen Bandrand verhalten sich wie „freie" Löcher. Skizzieren Sie für diese Teilchen (a) die Kurve, in der ε gegen k aufgetragen ist; (b) die Zustandsdichte in Abhängigkeit von ε.

6.5 Skizzieren Sie den Verlauf sowohl von v als auch von m^* in Abhängigkeit von k im Intervall $-\pi/d \leqq k \leqq \pi/d$.

6.6 Man zeige, daß in einem eindimensionalen Kristall die Zahl der Zustände in k-Raum im Bereich $-\pi/d \leqq k \leqq \pi\, d$ gleich der Zahl der Atome im Kristall ist.

7. *Elektronen in Festkörpern – Bewegungsgesetze und Streuproblem*

Leitungselektronen sind frei, jedoch nicht *völlig* frei. Wir haben in Abschnitt 6.4 gesehen, daß die Wellenlänge – und deshalb auch die Energie und die Geschwindigkeit – der Elektronen, die sich frei durch einen Kristall bewegen können, Beschränkungen unterliegen. Die Periodizität der Kristallstruktur sorgt dafür, daß zwischen den Leitungselektronen und den Atomen, die gemeinsam den Kristall bilden, eine Wechselwirkung besteht.
Wir werden jetzt anhand eines ganz anderen Arguments zeigen, daß die Leitungselektronen nicht völlig frei sein können. In diesem Kapitel werden wir ein Verfahren vom Typ einer kinetischen Theorie auf diese Elektronen anwenden und uns bemühen, das einfachste experimentelle Gesetz der elektrischen Leitung – das OHMsche Gesetz – in ähnlicher Weise zu erklären wie in Kapitel 3 das BOYLE-MARIOTTEsche Gesetz. Es stellt sich heraus, daß, wenn es keine Wechselwirkung zwischen den Leitungselektronen und dem Kristall gäbe, das OHMsche Gesetz nie gelten könnte. Normalerweise ist jedoch das OHMsche Gesetz erfüllt, was voraussetzt, daß Elektronen gestreut werden.
Der größte Teil dieses Kapitels ist der Kinetik der Leitungselektronen gewidmet, der Ermittlung von Ausdrücken für ihre *mittlere* Driftgeschwindigkeit in Abhängigkeit von der *mittleren* Zeit zwischen den Stößen und so weiter. Am Ende des Kapitels jedoch streifen wir noch das allgemeine Problem der Elektronenstreuung in Festkörpern. Das ist kein leichtes Problem, wir hoffen jedoch, daß ein wenig Ahnung von der Physik, die darin enthalten ist, im letzten Abschnitt, der ,,die Teilchen der Festkörperphysik" überschrieben ist, vermittelt wird.

7.1 Ohmsches Gesetz

Ein außerordentlich wichtiger Test für die Gültigkeit jeder Theorie über die elektrische Leitfähigkeit ist, ob sie das OHMsche Gesetz erklären kann oder nicht. Dieses Gesetz wird gewöhnlich in der Form $V = R\,I$ ausgedrückt, wobei I der Strom ist, der durch einen Leiter fließt, wenn zwischen seinen

Enden eine Potentialdifferenz V erzeugt wird; bei jeder beliebigen Temperatur ist der Widerstand R eine Konstante für einen vorgegebenen Leiter. Um die Rechnung zu vereinfachen, wollen wir das Gesetz mit Hilfe der Begriffe der Stromdichte $J = I/A$ und der Feldstärke entlang dem Leiter $E = - \mathrm{d}V/\mathrm{d}x$ in anderer Form schreiben. Wir erhalten daher

$$E = \varrho J \tag{7.1}$$

oder

$$J = \sigma E , \tag{7.2}$$

wobei der spezifische Widerstand ϱ und die Leitfähigkeit σ eines Leiters von der Länge l und dem Querschnitt A definiert sind durch

$$\varrho = \frac{1}{\sigma} = \frac{R\,A}{l} . \tag{7.3}$$

(In Gleichung (7.1)) wird der offensichtliche Widerspruch im Vorzeichen zwischen $E = \varrho J$ (was richtig als Vektorgleichung $\boldsymbol{E} = \varrho \boldsymbol{J}$ geschrieben wird) und der einfachen Form des OHMschen Gesetzes $V = R\,I$ beseitigt, wenn wir anerkennen, daß V einen Potential*abfall* darstellt.)

Nehmen wir an, daß es im Kubikmeter n freie Elektronen gibt und daß bei Abwesenheit jedes Feldes diese ohne resultierende Geschwindigkeit in allen Richtungen herumfliegen, genau wie Gasmoleküle in einem Behälter. Wenn in x-Richtung ein Feld E_x angelegt wird, werden alle Elektronen in $-x$-Richtung beschleunigt, und die Beschleunigung des i-ten Elektrons, a_{ix}, ist gegeben durch

$$a_{ix} = -\frac{e}{m} E_x . \tag{7.4}$$

Diese Gleichung kann auch anders geschrieben werden:

$$\left[\frac{\mathrm{d}}{\mathrm{d}t} v_{ix}\right]_{E_x} = -\frac{e}{m} E_x , \tag{7.5}$$

wobei v_{ix} die x-Komponente der Geschwindigkeit des i-ten Elektrons ist und der Index E_x bedeutet, daß die Beschleunigung *durch das angelegte Feld* zustande kommt. Da die rechte Seite dieser Gleichung für alle Elektronen gleich ist, können wir Gleichung (7.5) in einer anderen Form schreiben:

$$\left[\frac{\mathrm{d}}{\mathrm{d}t} \langle v_x \rangle \right]_{E_x} = -\frac{e}{m} E_x , \tag{7.6}$$

wobei $\langle v_x \rangle$ die mittlere Geschwindigkeit aller N freien Elektronen ist, die gegeben ist durch

$$\langle v_x \rangle = \frac{1}{N} \sum_{i=1}^{N} v_{ix} . \tag{7.7}$$

(Wir haben als Bezeichnung der mittleren Geschwindigkeit $\langle v \rangle$ verwendet, da wir $\bar{v}$ bereits für die Wurzel aus dem mittleren Geschwindigkeitsquadrat benutzt haben.)

Die Stromdichte J ist die Ladung, welche pro Sekunde durch eine Flächeneinheit hindurchtritt, so daß die x-Komponente J_x gleich der Zahl der Elektronen mal der Ladung eines Elektrons in demjenigen Volumen sein muß, das aus einer Flächeneinheit und der Länge $\langle v_x \rangle$ gebildet wird, d. h.

$$J_x = n\langle v_x \rangle\,(-e) = -\,n\,e\langle v_x \rangle\,. \tag{7.8}$$

Das Minuszeichen, das zur Ladung eines Elektrons gehört, unterstreicht die Tatsache, daß die konventionelle Stromrichtung (d. h. J_x) entgegengesetzt zu $\langle v_x \rangle$ ist.
Differenzieren wir Gleichung (7.8), so erhalten wir

$$\frac{\mathrm{d}}{\mathrm{d}t}\langle v_x \rangle = -\frac{1}{n\,e}\,\frac{\mathrm{d}J_x}{\mathrm{d}t}\,. \tag{7.9}$$

Vergleichen wir diese mit Gleichung (7.6), so sehen wir, daß

$$\frac{1}{n\,e}\,\frac{\mathrm{d}J_x}{\mathrm{d}t} = \frac{e}{m}\,E_x$$

oder

$$\frac{\mathrm{d}J_x}{\mathrm{d}t} = \mathrm{const}\;E_x \tag{7.10}$$

ist, so daß für ein konstantes E_x dieses Modell des freien Elektrons zu einem Strom führt, der mit der Zeit linear ansteigt. Nichts könnte dem Ohmschen Gesetz ferner liegen!
Aus Gleichung (7.9) ist ersichtlich, daß das Ohmsche Gesetz nur erfüllt wird (d. h., $\mathrm{d}J_x/\mathrm{d}t = 0$), wenn $d\langle v_x \rangle/\mathrm{d}t = 0$ ist. Da nichts von dem, was wir gerade niedergeschrieben haben, wirklich *falsch* ist, muß die Schwierigkeit daher kommen, daß wir es unterlassen haben, einen *abbremsenden* Term mit einzubeziehen, der, wenn er zu $[\mathrm{d}\langle v_x \rangle/\mathrm{d}t]_{E_x}$ hinzugefügt wird, das Resultat $\mathrm{d}\langle v_x \rangle/\mathrm{d}t = 0$ ergibt.
Wieder einmal kommen wir zu dem Schluß, daß die Elektronen nicht völlig frei sein können. Aus der Beobachtung, daß sich ein Leiter, wenn ein Strom fließt, immer erwärmt, folgern wir, daß die Leitungselektronen mit den Ionen zusammenstoßen und Energie austauschen müssen — ein Prozeß, der normalerweise als *Elektron-Gitter-Streuung* bezeichnet wird. Die Gleichung, die die Summe der beiden Beschleunigungen beschreibt, sollte deswegen zwei Terme umfassen:

$$\left[\frac{\mathrm{d}}{\mathrm{d}t}\langle v_x \rangle\right]_{E_x} + \left[\frac{\mathrm{d}}{\mathrm{d}t}\langle v_x \rangle\right]_{\text{Elekt-Gitter}} = 0\,. \tag{7.11}$$

Dies ist eine etwas vereinfachte Form einer Beziehung, die als Boltzmann*sche Transportgleichung* bezeichnet wird. Im Prinzip können wir sowohl Einzelheiten der angelegten elektrischen und magnetischen Felder als auch Temperaturgradienten in diesen Gleichungstyp hineinstecken und ihn lösen, um die resultierenden elektrischen und Wärmeströme zu ermitteln. Leider ist dies in der Praxis ein äußerst schwierig durchzuführendes Verfahren. Das Hauptproblem liegt in der Aufstellung des Streuterms, den man nur nach einem quantenmechanischen Verfahren erhält, das das Niveau dieses Buches weit übersteigt. Darüberhinaus endet diese Methode normalerweise mit einer Integro-Differentialgleichung, die außerordentlich schwierig zu lösen ist. Wir werden deshalb einen Ausdruck für $[\mathrm{d}\langle v_x\rangle/\mathrm{d}t]_{\text{Elekt-Gitter}}$ aufstellen, nach einer Methode, die diese Schwierigkeiten umgeht. Wir werden jedoch in einem späteren Abschnitt zur Physik der Elektronen-Gitter-Stöße zurückkehren.

7.2 Relaxationszeit, Driftgeschwindigkeit und Beweglichkeit

Angenommen, zur Zeit $t = 0$ sei die mittlere Geschwindigkeit der Elektronen $\langle v_x\rangle_0$. Genau in diesem Augenblick schalten wir das Feld ab, so daß $\langle v_x\rangle$ daraufhin gegen Null geht. Mit anderen Worten: die Geschwindigkeit wird durch die Zusammenstöße der Elektronen mit dem Gitter in statistische Werte übergeführt. Nehmen wir jetzt an, daß dieser Prozeß dem einfachen Zerfallsgesetz

$$\langle v_x\rangle = \langle v_x\rangle_0 \exp(-t/\tau) \tag{7.12}$$

folgt. Der Faktor τ ist eine Konstante des Systems, die *Relaxationszeit* genannt wird, da sie ein Maß ist für die Zeit, die ein System braucht, um sich zu erholen, wenn ein Zwang (das elektrische Feld) wieder aufgehoben wird (siehe Bild 7.1). (Es ist die Zeit, in der die Driftgeschwindigkeit auf $1/e$ ihres ursprünglichen Wertes abfällt.) Da während dieses Relaxationsprozesses $E_x = 0$ ist, können wir offenbar Gleichung (7.12) verwenden, um zum Elektron-Gitter-Term der Gleichung (7.11) zu gelangen und es auf diese Weise vermeiden, irgendwelche Details des Stoßprozesses berücksichtigen zu müssen. Das Ergebnis ist

$$\left[\frac{\mathrm{d}}{\mathrm{d}t}\langle v_x\rangle\right]_{\text{Elekt-Gitter}} = -\frac{\langle v_x\rangle}{\tau}. \tag{7.13}$$

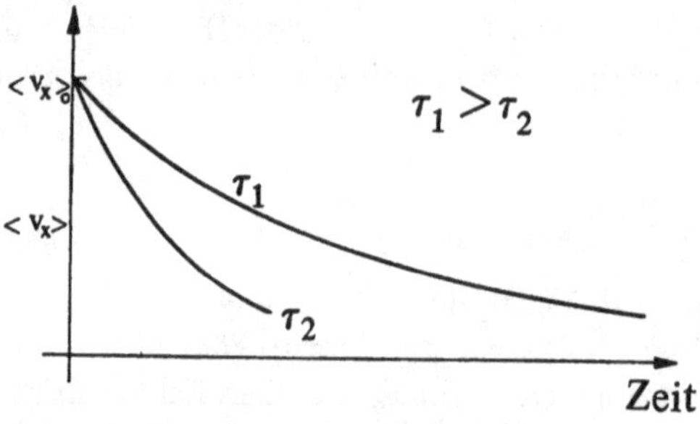

Bild 7.1 Relaxation eines Elektronensystems nach Abschalten eines elektrischen Feldes, Gleichung (7.12).

Wenn wir dann annehmen, daß dieser Ausdruck durch die Anwesenheit eines Feldes nicht geändert wird, erhalten wir aus den Gleichungen (7.6), (7.11) und (7.13)

$$-\frac{e}{m}E_x - \frac{\langle v_x \rangle}{\tau} = 0$$

oder

$$\langle v_x \rangle = -\left(\frac{e\,\tau}{m}\right)E_x\,. \tag{7.14}$$

Diese mittlere Gleichgewichtsgeschwindigkeit, die durch das Feld hervorgerufen wird und diesem proportional ist, wird als *Driftgeschwindigkeit* der Elektronen bezeichnet. Die Proportionalitätskonstante $(e\,\tau/m)$ wird ihre Beweglichkeit μ genannt – es ist die Driftgeschwindigkeit im Einheitsfeld. μ hat die Dimension Meter pro Sekunde (m s^{-1}) durch Volt pro Meter (V m^{-1}) oder Quadratmeter pro Volt und Sekunde (m^2 V^{-1} s^{-1}).
Schließlich erhalten wir aus der Kombination der Gleichungen (7.2), (7.8) und (7.14)

$$\sigma = \frac{n\,e^2\,\tau}{m} \tag{7.15}$$

und

$$\sigma = n\,e\,\mu\,. \tag{7.16}$$

Diese letzte Gleichung ist in der Theorie der Leitfähigkeit von großer Bedeutung und verkörpert den Unterschied zwischen den elektrischen Eigenschaften von Metallen und Halbleitern. In Metallen, in denen alle Valenzelektronen bei allen Temperaturen frei sind, ist n eine Konstante, und die Temperaturabhängigkeit von σ entspricht im wesentlichen derjenigen von μ. In Halbleitern jedoch kann sich auch n mit der Temperatur ändern; wenn dies zutrifft, ist n gewöhnlich der wichtigere Faktor.

7.3 Eine andere Vorstellung von der Relaxationszeit

Im letzten Abschnitt führten wir den Begriff der Relaxationszeit auf mathematischem Weg ein: als eine Integrationskonstante in der BOLTZMANN-Gleichung. Wir werden jedoch jetzt zeigen, daß ihr auch eine sehr einfache physikalische Bedeutung zukommt.
Wir nehmen an, die Wahrscheinlichkeit, daß ein Elektron in der Zeit dt einen Zusammenstoß erfährt, sei dt/τ', so daß sich im Mittel pro Sekunde $1/\tau'$ Zusammenstöße ereignen. Es ist unsere Absicht, im folgenden zu zeigen, daß $\tau' = \tau$ ist.
Wir nehmen an, alle Elektronenstöße seien *elastisch*; das heißt, die Energie bleibt erhalten, so daß die Geschwindigkeit des Elektrons vor und nach dem Stoß gleich ist. Diese Annahme ist nicht ganz korrekt, denn wir haben in Abschnitt 7.1 erwähnt, daß die Tatsache, daß sich ein Leiter erwärmt, wenn

durch ihn ein Strom fließt, bedeutet, daß bei den Zusammenstößen der Elektronen mit dem Gitter Energie auf das Gitter übertragen wird. Die wirkliche Energieänderung bei jedem Stoß ist jedoch geringfügig, und die Geschwindigkeit wird in einem Metall nur im Verhältnis von etwa 1 zu 10^6 geändert, so daß die Annahme ganz vernünftig ist. Wenn wir jetzt annehmen, daß die Geschwindigkeiten nach dem Stoß völlig statistisch verteilt sind, erhalten wir $\langle v_x \rangle_n = 0$. Weil vor dem Stoß $\langle v_x \rangle_v = \langle v_x \rangle$ war, folgt für die Änderung von $\langle v_x \rangle$ beim Stoß $= - \langle v_x \rangle$.
Es ereignen sich $1/\tau'$ Stöße pro Sekunde, so daß die

$$\text{Anzahl der Änderungen von } \langle v_x \rangle = - \frac{\langle v_x \rangle}{\tau'} \tag{7.17}$$

ist. Wir könnten jedoch die linke Seite der Gleichung ebenso gut in der Form $[d\langle v_x \rangle / dt]_{\text{Elekt-Gitter}}$ schreiben. Vergleichen wir Gleichung (7.17) mit Gleichung (7.13), so erkennen wir, daß $\tau \equiv \tau'$ ist und die ***Relaxationszeit deshalb gleich der mittleren Zeit zwischen den Stößen ist.***

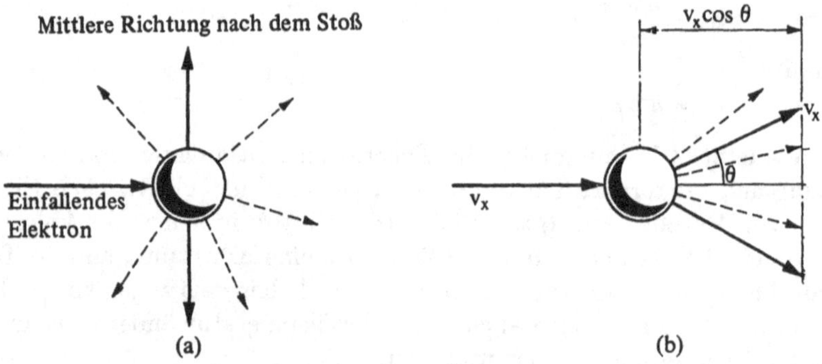

Bild 7.2 (a) Streuung, die in alle Richtungen gleich wahrscheinlich ist, so daß der mittlere Streuwinkel 90° beträgt. (b) Streuung überwiegend in Vorwärtsrichtung um den mittleren Winkel Θ. Jedes v_x ändert sich deshalb im Mittel um $v_x\,(1 - \cos \Theta)$.

Bei der Herleitung dieses Ergebnisses nehmen wir an, daß nach jedem Stoß jede Geschwindigkeitsrichtung gleich wahrscheinlich ist (Bild 7.2a); dies ist gleichbedeutend mit der Feststellung, daß das Elektron nach jedem Stoß sich nicht mehr daran erinnert, was vorher geschah. Es ist jedoch möglich, daß die Streuung sehr schwach ist — ein Beispiel dafür werden wir später bringen; in diesem Fall ist eine derartige Annahme unrealistisch. Wenn sich die Richtung der Geschwindigkeit beim Zusammenstoß im Mittel um den Winkel $\hat{\Theta}$ ändert (siehe Bild 7.2b), dann ist die Änderung der Geschwindigkeit $\langle v_x \rangle$ im Mittel $- \langle v_x \rangle\,(1 - \langle \cos \Theta \rangle)$. Daraus folgt

$$\tau = \frac{\tau'}{1 - \langle \cos \Theta \rangle}, \tag{7.18}$$

wobei τ die Relaxationszeit und τ' die mittlere Zeit zwischen den Stößen ist.
Anders ausgedrückt ist dann die Relaxationszeit viel länger als die mittlere Zeit zwischen den Stößen; diese Elektronen *haben* eine Erinnerung!

7.4 Das Streuproblem

Werfen wir noch einmal einen Blick zurück auf die Ausführungen über Elektronengeschwindigkeiten. In Abschnitt 7.2 definierten wir die *Driftgeschwindigkeit* eines Elektrons, $\langle v_x \rangle$, als die mittlere Geschwindigkeit in einer bestimmten Richtung, die durch Anlegen eines elektrischen Feldes in dieser Richtung zustande kam. Selbst in den besten Leitern ist der Wert von $\langle v_x \rangle$ sehr klein; wenn zum Beispiel an einen Silberdraht bei Raumtemperatur ein Feld von 1 V cm^{-1} angelegt wird, ist $\langle v_x \rangle \approx 1$ m s^{-1}. Die andere Geschwindigkeit war der *statistische Wert der Geschwindigkeit*, v, der in Abschnitt 6.4 diskutiert wurde. Für freie Elektronen ist er durch $(2\,\varepsilon/m)^{1/2}$ und allgemein durch $(2\,\pi/h)\,(\mathrm{d}\varepsilon/\mathrm{d}k)$ gegeben. Es ist schwierig, für v einen „typischen Wert" anzugeben, da er sowohl am oberen als auch am unteren Bandrand gleich Null ist und dazwischen auf einen Maximalwert ansteigt (siehe Bild 7.3). Wenn wir jedoch annehmen, daß das höchste besetzte Energieniveau in einem Metall – die FERMI-Energie ε_F – etwa 5 eV über der unteren Bandkante liegt (siehe Abschnitt 4.6), und wenn wir annehmen, daß Elektronen an der FERMI-Kante einigermaßen frei sind, dann kann v Werte bis zu 10^6 m s^{-1} annehmen. Da überdies die mittlere kinetische Energie in einem Band $3\,\varepsilon_F/5$ ist (Aufgabe 6.2), können wir uns davon überzeugen, daß der *Mittelwert* der statistisch verteilten Geschwindigkeit auch in der Größenordnung von etwa 10^6 m s^{-1} liegt.

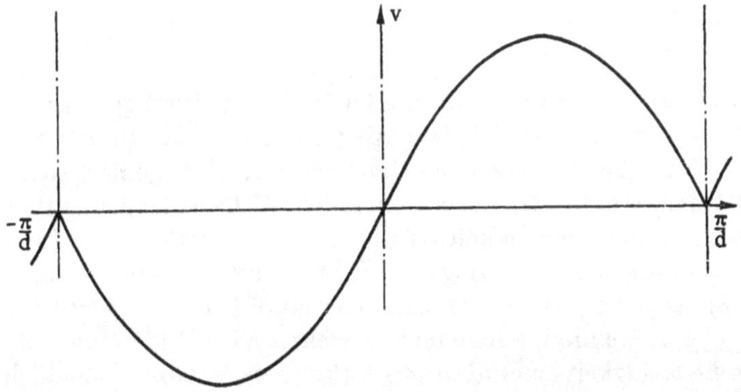

Bild 7.3 Änderung der Geschwindigkeit mit der Wellenzahl vom unteren bis zum oberen Rand eines jeden Energiebandes. Man beachte, daß nahe dem unteren Bandrand $v \sim k$ ist, wie für freie Elektronen, und daß nahe dem oberen Bandrand $v \sim -k$ ist, wie für „freie" Löcher.

Deshalb driften Leitungselektronen in einem elektrischen Feld langsam durch den Leiter, während sie mit hoher Geschwindigkeit statistisch hin und her fliegen. Bei der Ermittlung der elektrischen Leitfähigkeit besteht das Problem darin, zu berechnen, wie die Elektronen gestreut werden, wie wir bereits im Zusammenhang mit der Boltzmann-Gleichung erwähnt haben. In Abschnitt 6.4 betrachteten wir die Lösungen der Schrödinger-Gleichung (Gleichung 2.8) für einen *vollkommenen* Kristall. Die Lösungen sind periodische Wellen, Bloch-Funktionen genannt (Gleichung 6.2), die sich ungehindert über das ganze Gitter ausbreiten können, ohne abgeschwächt zu werden.

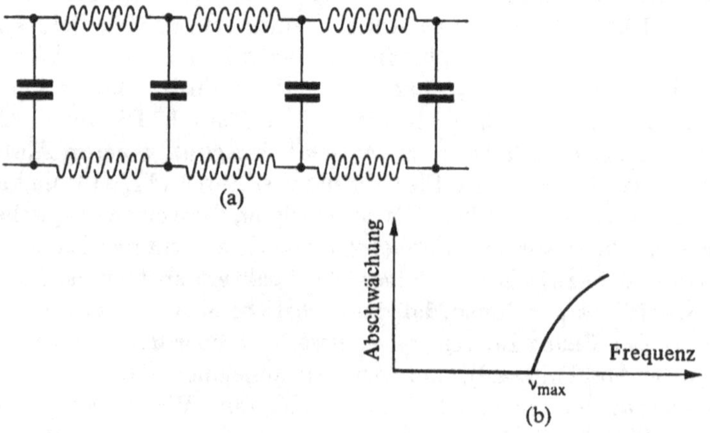

Bild 7.4 Elektrisches Analogon einer periodischen Struktur. (a) Tiefpaß, durch den alle Frequenzen unterhalb einer bestimmten Frequenz ν_{max} ungeschwächt hindurchgehen (b). Wie bei Elektronen gibt es „erlaubte" und „verbotene" Bänder.

Solche Wellen werden als fortschreitende Wellen durchgelassen, es sei denn, ihre Wellenlänge nähert sich dem Wert $\lambda = 2\,d/n$, der die Bragg-Bedingung erfüllt. Unter diesen besonderen Umständen baut sich eine reflektierte Welle auf, die der einfallenden fortschreitenden Welle entgegenläuft, so daß die resultierende Geschwindigkeit (Gruppengeschwindigkeit) des Elektrons Null wird, wenn die Bragg-Bedingung exakt erfüllt ist (siehe Abschnitt 6.4 und Bild 7.3). Dennoch tritt selbst dann überhaupt keine *inkohärente* Elektronenstreuung auf, die die Ursache für den elektrischen Widerstand ist. Die elektrische Leitfähigkeit eines *ideal geordneten* Metalls würde unendlich sein. Dieser freie Durchgang ist in der Tat ein Kennzeichen aller *periodischen Strukturen*. Z. B. kann elektrische Energie ohne Verluste entlang bestimmter (ziemlich idealisierter) Leitungen übertragen werden; wir illustrieren dies in Bild 7.4 anhand eines Tiefpasses.

Natürlich ist ein Kristall nie ideal, weil in der Praxis (a) immer Kristallfehler vorhanden sind und (b) die Ionen, vom absoluten Nullpunkt der Temperatur abgesehen, ständig schwingen. Wir sagen deshalb, daß die Elektronen (a) an Verunreinigungen und (b) am Gitter selbst gestreut werden. Eine andere Betrachtungsweise ist, sich vorzustellen, daß ein vollkommener Kristall einer völlig regelmäßigen Anordnung von Potentialmulden entsprechen würde, wie sie in Bild 6.3b dargestellt ist. Wenn jedoch die Periodizität entweder durch (a) oder (b) gestört wird, wird die Anordnung der Mulden nicht mehr regelmäßig und die Leitfähigkeit nicht mehr unendlich sein.

7.5 Die Teilchen in der Festkörperphysik

Obwohl wir das Streuproblem als Interferenz von Elektronenwellen mit Wellen, die durch die Schwingungen der Ionen entstehen (Gitterwellen), betrachten können, ist es gewöhnlich leichter, die Stöße mit *Partikel*begriffen zu veranschaulichen. Folglich behandelt man das Streuproblem normalerweise, indem man davon ausgeht, daß auch die Gitterschwingungen in Form von *Phononen* quantisiert werden können, ein Begriff, zu dem man in Analogie zum Photon, dem Energiepaket der elektromagnetischen Strahlung, gelangt. Die Elektron-Gitter-Wechselwirkung ist deshalb ein Teilchen-Bild, wenn sie in Begriffen der *Elektron-Phonon*-Stöße entwickelt wird. Obgleich wir in diesem Buch die Phononen nicht detailliert beschreiben können, lohnt es sich doch, ein wenig über sie zu berichten, da das Streuproblem auf einem anspruchsvolleren Niveau stets in dieser Weise behandelt wird.

Nach einem einfachen Bild besteht ein Kristall aus einem Gitter aus Atomen, die durch Kräfte zwischen den Atomen zusammengehalten werden, die dem HOOKEschen Gesetz gehorchen. Mechanisch ist dieses System äquivalent $3\,N$ voneinander unabhängigen Oszillatoren (da jedes Atom in drei zueinander senkrechten Richtungen schwingen kann), und ihre Schwingungen können als eine Serie durch den Kristall laufender Wellen mit N verschiedenen λ-Werten dargestellt werden.

Die längste Wellenlänge ist die Kristallänge, während die kürzeste Wellenlänge gleich dem doppelten Atomabstand ist; d. h. $\lambda_{\min} = 2\,d$ (Bild 7.5). Der maximale Impuls des Phonons ist deshalb

$$p_{\max} = \frac{h}{\lambda_{\min}} = \frac{h}{2\,d} \approx 10^{-24}\ \text{kg m s}^{-1}\,. \tag{7.19}$$

An dieser Stelle ist es interessant zu erwähnen, daß auch der Impuls der Elektronen am oberen Rand eines Energiebandes $p = h/2\,d$ ist (siehe Abschnitt 6.4 und insbesondere Bild 6.8). Folglich erkennen wir, daß die Werte der Impulse der Phononen und der Leitungselektronen von gleicher *Größenordnung* sind, obgleich der mittlere Impuls der Phononen bei einer bestimmtem Temperatur normalerweise beträchtlich geringer als $p_{\max}$ ist. Deshalb

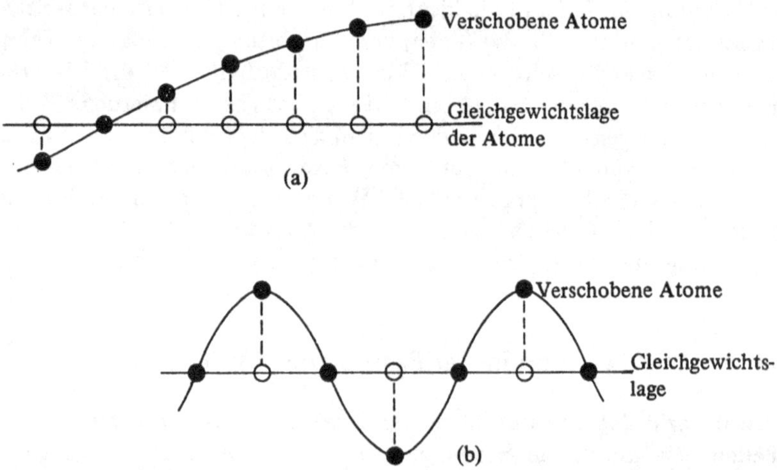

Bild 7.5 (a) Für Gitterwellen ist normalerweise $\lambda \gg d$. (b) Dabei ist die untere Grenze gegeben durch $\lambda = 2\,d$. Eine Welle mit $\lambda < 2\,d$ kann ebenso gut durch eine andere Welle mit $\lambda > 2\,d$ dargestellt werden (siehe J. M. ZIMAN, Electrons and Phonons, Oxford University Press, 1960, Seite 15).

können die Phononen den Elektronenimpuls in einer bestimmten Richtung — das heißt den elektrischen Strom — sehr wirksam zerstören. Wie wir später sehen werden, sind Phononen in der Tat eine wichtige Ursache für den Widerstand, ausgenommen bei sehr tiefen Temperaturen, wo sie weniger wirksam werden und ihre Anzahl ziemlich schnell abnimmt.

Auf ähnliche Weise ergibt sich die höchste Phononenfrequenz $\nu_{\text{max}} = u/\lambda_{\text{min}}$, wobei u die Geschwindigkeit der Welle ist. Wenn wir annehmen, daß diese durch die Schallgeschwindigkeit in einem Festkörper gegeben ist ($\approx 5 \cdot 10^3\,\text{m s}^{-1}$), erhalten wir $\nu_{\text{max}} \approx 10^{13}\,\text{s}^{-1}$. Demnach ist die *maximale* Phononenenergie $\varepsilon_{\text{max}} = h\,\nu_{\text{max}} \approx \frac{1}{25}\,\text{eV}$, dies ist ein typischer Wert bei hohen Temperaturen. Wir erkennen daraus, daß die Energie der Phononen, verglichen mit der mittleren kinetischen Translationsenergie der Elektronen von $3\,\varepsilon_F/5$ (typisch etwa 3 eV), nicht sehr groß ist.

Phononen sind BOSE-Teilchen. Die Zahl der Phononen n_i, deren jedes die Energie $h\,\nu_i$ besitzt, ist bei der Temperatur T gegeben durch

$$n_i = \frac{1}{\exp(h\,\nu_i/kT) - 1}\,. \tag{7.20}$$

Um die mittlere Zahl der Phononen zu ermitteln, die bei einer bestimmten Temperatur T vorhanden sind, müßten wir auch die Frequenzverteilung kennen; das bedeutet, wir brauchten eine Verteilungsfunktion $\text{f}(\nu)\,\text{d}\nu$, die die Zahl der verschiedenen möglichen Frequenzen im Frequenzintervall zwischen ν und $\nu + \text{d}\nu$ angibt. Nach Debye ist $\text{f}(\nu)$ proportional zu ν^2. Die mittlere

Phononenzahl bei irgendeiner beliebigen Temperatur ist daher

$$\langle n \rangle \sim \int_0^{\nu_{\max}} \frac{\nu^2 \, d\nu}{\exp(h\nu/kT) - 1}, \tag{7.21}$$

wobei wir angenommen haben, daß so viele Frequenzen zur Verfügung stehen, daß wir die Summe über i durch ein Integral ersetzen können.
Bei hohen Temperaturen (hoch bedeutet in diesem Zusammenhang für die meisten Festkörper etwa 100 °K) ist

$$\langle n \rangle \sim T, \tag{7.22}$$

während bei tiefen Temperaturen (unterhalb etwa 20 °K)

$$\langle n \rangle \sim T^3 \tag{7.23}$$

gilt.
Wir haben nun kurz einige ,,Teilchen" des festen Zustandes – Elektronen, Löcher und Phononen – diskutiert. Es gibt noch andere (z. B. *Plasmonen*, die Quanten der kollektiven Elektronenbewegung, und *Magnonen*, die Quanten der Spinwellen in magnetischen Stoffen), auf diese werden wir in diesem Buch jedoch nicht eingehen.
Wenn alle diese Teilchen in einem bestimmten Festkörper vorhanden sind, stoßen sie miteinander zusammen, so daß sie alle den elektrischen Strom herabsetzen werden. Bei der Diskussion des elektrischen Widerstands ferromagnetischer Metalle, wie Eisen, Kobalt und Nickel, müssen wir uns mit Elektron-Phonon-, Elektron-Magnon- und sogar Elektron-Löcher-Stößen herumschlagen, eine schreckliche Aufgabe. Im nächsten Kapitel, wo wir Einzelheiten der elektrischen Eigenschaften von Metallen angeben, werden wir deshalb unsere Aufmerksamkeit notwendigerweise auf ,,einfache" Alkalimetalle, Edelmetalle und einige andere beschränken.

7.6 Zusammenfassung

Der Hauptzweck dieses Kapitels ist gewesen, die Philosophie der kinetischen Gastheorie auf Leitungselektronen in einem Festkörper anzuwenden. Wir haben Ausdrücke erhalten, die meßbare Größen, wie Stromdichte und elektrische Leitfähigkeit, auf die mittlere Anzahl der Elektronen pro Volumeinheit ihre mittlere Driftgeschwindigkeit und ihre mittlere Zeit zwischen den Stößen beziehen. Die wichtigste – und einfachste – dieser Gleichungen ist

$$\sigma = n e \mu . \tag{7.16}$$

Diese sagt uns, daß die Leitfähigkeit gegeben ist als das Produkt aus der Elektronendichte, der Elektronenladung und der mittleren Geschwindigkeit dieser Elektronen im Einheitsfeld. Wie wir später sehen werden, verkörpert diese Gleichung das verschiedene Verhalten von Metallen und Halbleitern.

Elektronen müssen gestreut werden, andernfalls würden sie unbegrenzt beschleunigt werden, und der Strom würde mit der Zeit anwachsen, was eine Verletzung des OHMschen Gesetzes bedeuten würde. Leider ist das Streuproblem nicht einfach. Der Begriff der Relaxationszeit wird eingeführt, um uns ein Weiterkommen zu ermöglichen, ohne daß wir uns mit einem ausführlichen Studium der Stöße befassen müssen. Auf höherem Niveau werden diese am einfachsten als Stöße zwischen *Teilchen* anschaulich gemacht, wobei Elektronen an quantisierten Gitterwellen, Phononen genannt, gestreut werden. Verglichen mit den Leitungselektronen haben die Phononen ähnliche Impulswerte, aber sehr wenig Energie. Bei normalen Temperaturen ist ihre mittlere Anzahl proportional zu T, bei sehr tiefen Temperaturen ist sie jedoch proportional zu T^3.

Ergänzende Literatur

DEKKER, A. J., Electrical Engineering Materials, Prentice-Hall Inc., Englewood Cliffs, 1959.

DEKKER, A. J., Solid State Physics, Macmillian and Co. Ltd., London, 1960.

HOLDEN, A., Conductors and Semiconductors, Bell Telephone Laboratories, 1964.

WERT, C. A., THOMSON, R. M., Physics of Solids, McGraw-Hill Book Co., New York and London, 1964.

ZIMAN, J. M., Principles of the Theory of Solids, Cambridge University Press, 1964.

ZIMAN, J. M., Electrons and Phonons, Oxford University Press, 1960.

Aufgaben

7.1 Die Dichte der Leitungselektronen in Kupfer ist $8{,}5 \cdot 10^{28}$ m^{-3}. Wie groß ist die mittlere Driftgeschwindigkeit der Elektronen, wenn ein elektrischer Strom von 1 A durch einen Leiter aus Kupfer von 2 cm^2 Querschnitt fließt?

7.2 Wie groß ist (a) die Driftgeschwindigkeit der Leitungselektronen in einem Feld von 50 V m^{-1}, (b) ihre Beweglichkeit und (c) ihre Relaxationszeit, wenn der spezifische Widerstand von Kupfer bei Raumtemperatur $1{,}68 \cdot 10^{-8}$ Ωm beträgt?

7.3 Eine andere Form der Beziehung $\sigma = n\, e^2\, \tau/m$, die in einer Anzahl von Lehrbüchern vorkommt, ist $\sigma = e^2\, \tau\, N(\varepsilon_E)\, v_F^2/3$, wobei $N(\varepsilon_E)$ durch Gleichung (4.20) definiert (und für $\varepsilon < \varepsilon_F$ und $T = 0$ gleich der Zustandsdichte ist), und v_F die mittlere Translationsgeschwindigkeit der Elektronen an der FERMI-Kante ist. Man zeige, daß in der Nährung des freien Elektrons die beiden Formeln gleich sind.

7.4 Man ermittle die mittlere Zunahme an kinetischer Energie eines jeden Elektrons zwischen zwei Stößen in einem Feld E_x. Dann zeige man, daß die gesamte Energie, die in jeder Sekunde an das Gitter abgegeben wird, σE_x^2 ist (JOULEsches Gesetz).

7.5 Man zeige, daß die Dimension der Beweglichkeit, $m^2 V^{-1} s^{-1}$, mit der des Ausdrucks $\mu = e\tau/m$ übereinstimmt.

7.6 Man berechne den Streuwinkel, wenn ein Elektron mit einer Energie von 4 eV mit einem Phonon von 10 Å zusammenstößt und es absorbiert. (Dazu nehme man an, daß die Schallgeschwindigkeit $5 \cdot 10^3$ m s^{-1} beträgt.)

8. *Metalle*

Die wichtigsten Punkte, die wir bisher über Metalle formuliert haben, sind:

a) Die meisten Elemente sind metallisch.
b) Metalle haben eine verhältnismäßig kleine Zahl äußerer Elektronen pro Atom, und sie werden durch einen besonderen Bindungstyp gebildet, bei dem die Leitungselektronen zu keinem der Atome gehören.
c) Alle diese Leitungselektronen sind frei, um Strom mit sich zu führen. Das einwertige Metall Kupfer enthält $8{,}42 \cdot 10^{28}$ Elektronen pro Kubikmeter, und wir können das als ein typisches Beispiel für die große Zahl der Leitungselektronen pro Volumeinheit ansehen.
d) Infolgedessen sind Metalle gute elektrische Leiter, besonders bei tiefen Temperaturen, bei denen die Elektron-Gitter-Streuung gering ist.
e) Auf eine andere Weise kann man diesen Sachverhalt durch ein teilweise besetztes äußeres Energieband beschreiben.
f) Dieses Band ist bis zur FERMI-Kante besetzt, die beim Modell des freien Elektrons etwa 5 eV über dem unteren Bandrand liegt (siehe Bild 8.1). Da bei allen in Frage kommenden Temperaturen $5\,\text{eV} \gg kT$ ist, erkennen wir, daß die thermische Energie einen vernachlässigbaren Einfluß auf die statistische Bewegung der Elektronen in Metallen ausübt.

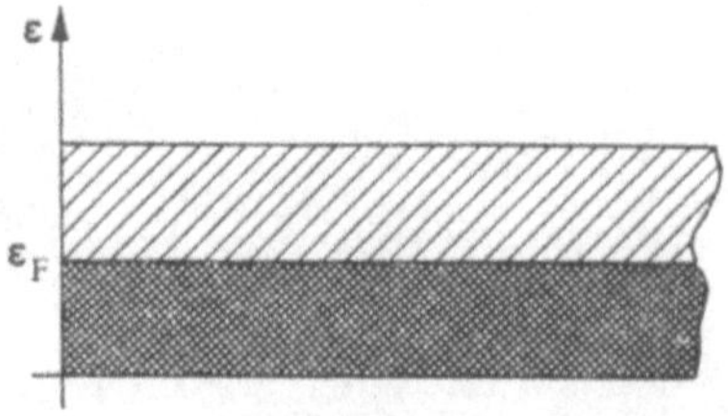

Bild 8.1 Teilweise besetztes äußeres Energieband eines Metalls. Die schraffierten Bereiche entsprechen den leeren, die getönten Bereiche den besetzten erlaubten Energieniveaus.

g) Eine Energie von 5 eV entspricht einer Geschwindigkeit von ungefähr 10^6 m s^{-1}. Folglich haben Elektronen im Leitungsband Geschwindigkeiten zwischen 0 und 10^6 m s^{-1}, mit einem Mittelwert, der auch in der Größenordnung von 10^6 m s^{-1} liegt.
h) Im Gegensatz dazu ist die Driftgeschwindigkeit selbst in einem sehr guten Leiter wie Silber sehr klein; der Wert in Silber ist etwa 1 m s^{-1} in einem Feld von 1 V cm^{-1}.

8.1 Der experimentelle Sachverhalt

Metalle sind „gute" Leiter der Elektrizität. Trotzdem können sich bei Raumtemperatur die Werte von σ von Metall zu Metall stark ändern, und Tabelle 8.1

Tabelle 8.1 Spezifischer Widerstand einiger Metalle bei Zimmertemperatur in Ω m $\times$ 10^8

Silber	1,61	Nickel	7,04
Kupfer	1,70	Eisen	9,8
Aluminium	2,74	Blei	21,0
Natrium	4,75	Wismuth	116
Zink	5,92		

Aus G. T. Meaden, Electrical Resistence of Metals, Heywood, London, 1966, Seite 15.

zeigt einige übliche Beispiele. Bei den vielen möglichen Streuprozessen ist es leider nicht leicht, zu einem theoretischen Modell zu gelangen, das das Verhältnis der Leitfähigkeiten zweier beliebiger Metalle in allen Einzelheiten vorher sagen kann, obwohl in den letzten Jahren große Fortschritte gemacht worden sind. (Dementsprechend ist es eine noch schwerere Aufgabe, die *absolute Größe* von σ für irgendein Metall zu berechnen.) Im allgemeinen gilt jedoch,

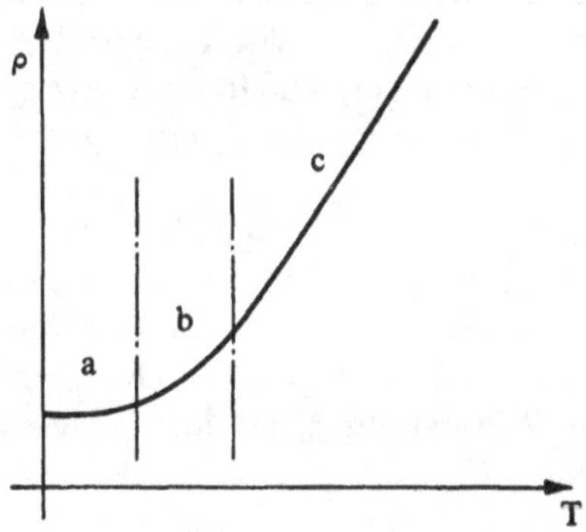

Bild 8.2 Schematische Darstellung der T-Abhängigkeit des spezifischen Widerstands eines typischen Metalls. In den verschiedenen Bereichen gilt (a) ϱ = const, (b) $\varrho \sim T^n$, wobei $n \approx 5$ ist, und (c) $\varrho \sim T$.

daß die Leitfähigkeit um so höher ist, je mehr die Leitungselektronen sich wie freie Elektronen verhalten. Ein solches Verhalten zeigen vor allem einwertige Metalle. Ganz anders verhalten sich die Metalle der Übergangselemente und der seltenen Erden, bei denen die s-Bänder bei der FERMI-Energie durch d- bzw. f-Bänder überlappt werden. In diesen Metallen können die Streuprozesse äußerst kompliziert sein, so daß die Leitfähigkeit ziemlich niedrig ist.

Um Komplikationen zu vermeiden, die sich beim Studium mehrerer Substanzen ergeben, werden wir die Leitungsprozesse untersuchen, indem wir unsere Aufmerksamkeit auf die Temperaturabhängigkeit bei einem einzigen Metall konzentrieren.

Eine typische Kurve für ein einfaches Metall, bei der ϱ über T aufgetragen ist, ist in Bild 8.2 dargestellt. Es gibt drei deutlich voneinander zu unterscheidende Bereiche der Kurve. (a) Den Bereich bei sehr tiefen Temperaturen, unterhalb etwa 10 °K, in dem ϱ von T unabhängig ist. (b) Einen Bereich, in dem sich ϱ mit T^n ändert, wobei $n = 5$ oder größer ist. (c) Den uns sehr vertrauten Bereich oberhalb von ungefähr 50 °K, in dem $\varrho \approx T$ ist. Obwohl es schwierig ist, die Temperaturen präzise anzugeben, bei denen die verschiedenen Bereiche beginnen, da diese sowohl vom Elektronen- als auch vom Gittersystem und von ihrer gegenseitigen Kopplung abhängen, möchten wir betonen, daß die *Form* der Kurve in Bild 8.2 für die meisten Metalle charakteristisch ist. Wir vergessen selbstverständlich nicht die Supraleiter, mit denen wir uns in einem eigenen Abschnitt befassen werden.

In Abschnitt 7.4 wurde darauf hingewiesen, daß der elektrische Widerstand durch Defekte und durch Gitterschwingungen in Festkörpern zustande kommt. Bei sehr tiefen Temperaturen, bei denen es praktisch keine thermischen Schwingungen mehr gibt, würden letztere einen vernachlässigbaren Streueffekt bewirken, so daß der Widerstand im Bereich (a) herrühren muß von Störungen im Kristall wie Versetzungen, Fremdatomen, Fehlstellen, Korngrenzen und so weiter. Da solche Defekte sich mit der Temperatur nicht ändern (außer bei sehr hohen Temperaturen, bei denen Ausheilprozesse stattfinden), ist ihr Streuquerschnitt unabhängig von der Temperatur. Folglich verursachen sie einen temperaturunabhängigen Widerstand, der spezifischer *Restwiderstand* eines Metalls genannt und durch das Symbol ϱ_0 gekennzeichnet wird.

Andererseits ist bei hohen Temperaturen das schwingende Gitter die Hauptursache für Elektronenstreuung. Dies wird einen sehr stark von der Temperatur abhängigen spezifischen Widerstand erzeugen, der gewöhnlich ϱ_i geschrieben wird, wobei der Index i anstelle von „ideal“ oder „eigen“ steht. Der gesamte gemessene spezifische Widerstand ϱ_m ist dann gegeben durch

$$\varrho_m = \varrho_0 + \varrho_i \, , \tag{8.1}$$

wobei ϱ_0 eine Funktion der Defektkonzentration c, aber nicht der Temperatur T ist, und wobei ϱ_i eine Funktion von T, jedoch nicht von c ist. Daher ist

$$\varrho_m = \varrho_0(c) + \varrho_i(T) \, . \tag{8.2}$$

Dieses einfache Gesetz wird MATTHIESSENsche Regel (1862) genannt, und wir werden die ihr zugrunde liegende Physik in einem späteren Abschnitt diskutieren.

In den beiden Bereichen (b) und (c) in Bild 8.2 ist $\varrho_i(T) > \varrho_0(c)$; sie zeigen uns das Verhalten von $\varrho_i(T)$ bei verschiedenen Temperaturen. Die Ursache für die Änderung der Form der Temperaturabhängigkeit ist, daß bei hohen Temperaturen starke Elektron-Gitter-Streuung auftritt und die Relaxationszeit gleich der mittleren Zeit zwischen den Stößen wird. Andererseits ist bei tiefen Temperaturen die Gitterstreuung ziemlich schwach, und wir haben ein Beispiel für Elektronen mit einem „Gedächtnis" (siehe Abschnitt 7.3). Die Streuung an Verunreinigungen ist immer stark und deshalb isotrop, so daß wir im Bereich des Restwiderstandes wieder eine einfach definierte Relaxationszeit haben. Deswegen können die Bereiche (a) und (c) theoretisch einfacher diskutiert werden als (b).

8.2 Die Bedeutung der Fermi-Energie

Die elektrische Leitfähigkeit eines Leiters ist gegeben durch

$$\sigma = \frac{n e^2 \tau}{m}. \tag{7.15}$$

Dieser Ausdruck kann gleichfalls in Termen der mittleren freien Weglänge $l = v \tau$ geschrieben werden, so daß

$$\sigma = \frac{n e^2 l}{m v} \tag{8.3}$$

ist. Jedoch kann die Geschwindigkeit der Elektronen in einem teilweise besetzten äußeren Band statistisch alle Werte zwischen 0 und etwa $(2 \varepsilon_F/m)^{1/2}$ annehmen, was praktisch Geschwindigkeiten zwischen 0 und etwa 10^6 m s^{-1} entspricht. Welchen Wert für v gebrauchen wir deshalb in Gleichung (8.3)? Und ähnlich: da τ und l auch von der Energie abhängen können, mit welchen Energiewerten verknüpfen wir sie?

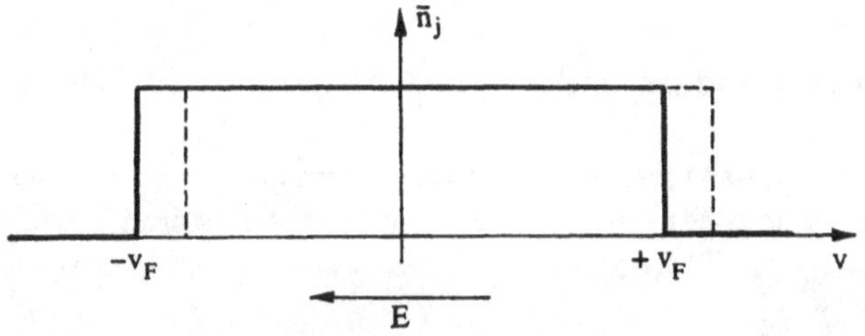

Bild 8.3 FERMI-Verteilung als Funktion der Geschwindigkeit. Die ausgezogene Kurve stellt die Gleichgewichtsverteilung bei $T = 0$ dar, während die gestrichelte Kurve die Verteilung angibt, wenn ein elektrisches Feld in $-v$-Richtung angelegt wird.

Die Antwort lautet, daß sich v, τ und l alle auf Elektronen *mit einer Energie* ε_F beziehen. Der Grund dafür ist, daß nur Elektronen direkt auf der „Oberfläche des FERMI-Sees“ ohne Energieänderung aus einem Zustand in einen anderen bewegt werden können, da die Energie beim Stoß erhalten bleibt. Das kann auch veranschaulicht werden, indem man die FERMI-Verteilung (in Bild 4.4a dargestellt) als Funktion der Geschwindigkeit darstellt (siehe Bild 8.3). Ein angelegtes elektrisches Feld wird eine Erhöhung aller Geschwindigkeiten in der einen Richtung und eine Erniedrigung derjenigen in der anderen Richtung bewirken, so daß die Verteilung entlang der Achse verschoben wird, wie es gezeigt ist. Daß die Geschwindigkeit nicht unendlich ansteigt (und so das OHMsche Gesetz verletzt), wird dadurch verhindert, daß die Elektronen von $+ v_F$ nach $- v_F$ gestreut werden und so ihre Laufrichtung umgekehrt wird. Wir weisen abermals darauf hin, daß nur Elektronen mit einer Geschwindigkeit von etwa v_F gestreut werden können und dabei ihre Energie erhalten bleibt. Die Gleichungen (7.15) und (8.3) werden deshalb korrekt geschrieben

$$\sigma = \frac{n\, e^2\, \tau_F}{m} \tag{8.4}$$

und

$$\sigma = \frac{n\, e^2\, l_F}{m\, v_F}. \tag{8.5}$$

Man beachte jedoch, daß sich n noch auf die Gesamtzahl der Elektronen pro Volumeinheit bezieht und *nicht*, wie bei der spezifischen Wärme (siehe Abschnitt 4.6), auf den Bruchteil kT/ε_F in der Umgebung der FERMI-Kante. Der Grund für den Unterschied liegt darin, daß nur Elektronen an der FERMI-Kante Energie aufnehmen können, wenn ein Metall erwärmt wird, wohingegen, wenn ein elektrisches Feld angelegt wird, alle Leitungselektronen durch das Feld beschleunigt werden – die ganze Kurve in Bild 8.3 „bewegt sich nach rechts“ –, jedoch können nur Elektronen an der FERMI-Kante gestreut werden.

8.3 Der Restwiderstand

Der spezifische Grenzwiderstand bei tiefen Temperaturen, der von der Elektron-Verunreinigungs-Streuung herrührt, ist gegeben durch

$$\varrho_0 = \frac{m\, v_F}{n\, e^2\, l_0}, \tag{8.6}$$

wobei l_0 der Grenzwert der mittleren freien Weglänge ist. In erster Näherung können wir l_0 dem Ausdruck (3.13) aus der kinetischen Theorie entnehmen, wenn wir annehmen, daß wir ein Elektronengas (Gas 1) haben, das durch ein

Gas aus Verunreinigungen (Gas 2) diffundiert. Da $r_2 = R_I \gg r_1$ und $m_2 \gg m_1$ ist, reduziert sich die Gleichung (3.13) auf

$$L_{12} = l_0 = \frac{1}{N_2 \pi R_I^2}, \tag{8.7}$$

wobei N_2 die Dichte der Verunreinigungen im Metall darstellt. Wir wollen nun ϱ_0 für ein Metall ausrechnen, das 1 Atomprozent Verunreinigung enthält, d. h. $n/N_2 = 100$. Wenn wir weiter annehmen, daß $v_F = 10^6$ m s^{-1} und $R_I = 1$ Å ist, erhalten wir

$$\begin{aligned}\varrho_0 &= \frac{m\, v_F\, N_2\, \pi\, R_I^2}{n\, e^2} \\ &= \frac{9 \times 10^{-31} \times 10^6 \times \pi \times 10^{-20}}{100 \times (1{,}6)^2 \times 10^{-38}} \\ &= 10^{-8}\, \Omega\ \text{m}.\end{aligned}$$

Experimentell ergibt sich für ϱ_0 etwa 0,1 bis 0,5 · 10^{-8} Ωm pro Atomprozent Verunreinigung von gleicher chemischer Wertigkeit. ϱ_0 erhöht sich auf 5 · 10^8 Ωm pro Atomprozent Verunreinigung, wenn der Unterschied in der Wertigkeit 3 oder mehr beträgt. Wir erkennen daher, daß unsere ziemlich grobe Rechnung, bei der ein Ladungsunterschied völlig vernachlässigt wurde, ein ganz vernünftiges Resultat liefert und ein einfaches Bild davon gibt, wie vermieden wird, daß die elektrische Leitfähigkeit eines Metalls unendlich wird.

8.4 Der ideale Widerstand

Mit steigender Temperatur wird ϱ_i zum vorherrschenden Term in Gleichung (8.1). Es ist in dieser einfachen Abhandlung (und beinahe auf jeder Ebene) unmöglich, auch nur eine grobe Abschätzung der Größe von ϱ_i anzugeben, so daß wir unsere Erläuterungen darauf beschränken, die Ursache für die Temperaturabhängigkeit aufzuzeigen. Der einzige Faktor, der sich in Gleichung (8.5) mit der Temperatur T ändert, ist l_F. Nach der kinetischen Theorie ist l_F umgekehrt proportional der Dichte der Streuzentren, so daß, wenn Elektronen an Phononen gestreut werden, wir aus Gleichung (7.22)

$$l_F \sim \frac{1}{\langle n \rangle} \sim \frac{1}{T}\ (T \gtrsim 100\ ^\circ\text{K}) \tag{8.8}$$

erhalten. Folglich ist $\varrho_i \sim (1/l_F) \sim T$, wie im Bereich (c) im Bild 8.2 bei allen einfachen Metallen beobachtet wird.

Bei sehr tiefen Temperaturen ergibt sich aus Gl. (2.23) $\langle n \rangle \sim T^3$. Daraus folgt jedoch nicht, daß $\varrho_i \sim T^3$ ist, weil bei diesen Temperaturen die Elektronen sehr wenig gestreut werden und die mittlere freie Weglänge für ,,Relaxation" viel größer ist als die in Erscheinung tretende mittlere freie Weglänge (vgl. Gleichung 7.18). Es kann gezeigt werden (siehe H. M. ROSENBERG, Low Temperature Solid State Physics, Clarendon Press, Oxford, 1963, Seite 92), daß bei tiefen Temperaturen der mittlere Phononimpuls proportional zu T ist, so daß der mittlere Winkel, unter dem die Elektronen von einem Bereich der FERMI-Fläche in einen anderen gestreut werden, auch proportional zu T ist (siehe Bild 8.4). Folglich ist der Faktor $(1 - \langle\cos\Theta\rangle)$ in Gleichung (7.18) proportional zu T^2. Der ideale Widerstand ist deshalb proportional $T^3 \cdot T^2 = T^5$, in Übereinstimmung mit den experimentellen Ergebnissen im Bereich (b) in Bild 8.2.

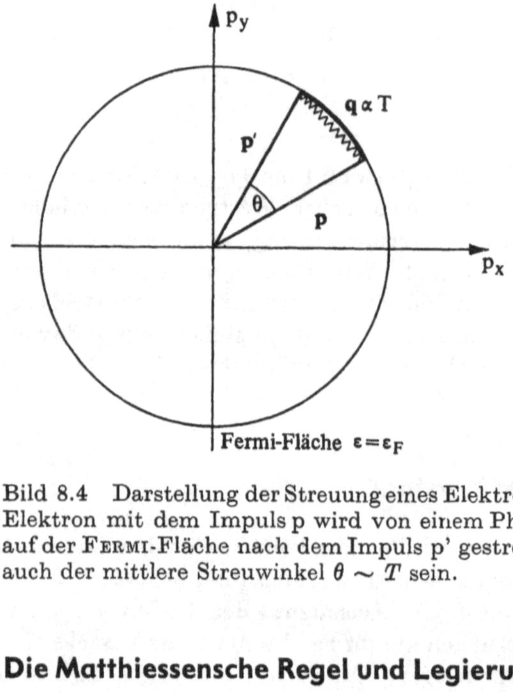

Bild 8.4 Darstellung der Streuung eines Elektrons im Impulsraum. Ein Elektron mit dem Impuls p wird von einem Phonon mit dem Impuls q auf der FERMI-Fläche nach dem Impuls p' gestreut. Da q $\sim T$ ist, muß auch der mittlere Streuwinkel $\theta \sim T$ sein.

8.5 Die Matthiessensche Regel und Legierungen

Die Gesamtzahl der Stöße, die jedes Elektron pro Sekunde erleidet, wird gegeben durch die Summe der Stöße jedes Streuprozesses. Daher ist

$$\frac{1}{\tau_t} = \sum_{\text{alle Prozesse}} \frac{1}{\tau}, \tag{8.9}$$

so daß insbesondere

$$\frac{1}{\tau_t} = \frac{1}{\tau_0} + \frac{1}{\tau_i} \tag{8.10}$$

und

$$\varrho_m = \frac{m}{n\,e^2\,\tau_t} = \frac{m}{n\,e^2}\left(\frac{1}{\tau_0} + \frac{1}{\tau_i}\right) = \varrho_0 + \varrho_i$$

gilt. Diese einfache Analyse zeigt den physikalischen Gedankengang, welcher der MATTHIESSENschen Regel (siehe Gleichung 8.1) zugrunde liegt.
Die Regel gilt nur für Legierungen geringer Konzentration, das heißt, Legierungen, in denen die Konzentration der Defekte nicht so groß ist, um die Gitterkonstante, die elektrischen Eigenschaften und die FERMI-Energie des Metalls verändern zu können. Es ist schwierig, ein genaues Bild für die Defektkonzentration anzugeben, bei der diese Änderungen auftreten, da sie von Metall zu Metall variiert. Es ist jedoch wahrscheinlich richtig, zu sagen, daß die Regel für Defektkonzentrationen größer als 10 Prozent nicht mehr stimmt. Innerhalb dieses Bildes jedoch ist die MATTHIESSENsche Regel eine äußerst nützliche und praktische Beziehung, da man findet, daß für die meisten Legierungen geringer Konzentration $(\varrho_m - \varrho_0)$ bei Raumtemperatur meist nur einige Prozent verschieden ist von $(\varrho_m - \varrho_0)$ für das entsprechende reine Metall.
Die Theorie der konzentrierten Legierungen ist noch im Anfangsstadium. Die beste Übereinstimmung zwischen Theorie und Experiment ist für Legierungen erzielt worden, die aus benachbarten Elementen im Periodischen System gebildet wurden. Es wird angenommen, daß bei diesen Materialien die Energiebandstruktur beim Legieren unverändert bleibt — das „*rigid band*"-Modell — und daß die Bänder entsprechend der Zahl der Elektronen pro Atom, gemittelt über die beiden legierten Elemente, besetzt werden. Im allgemeinen kommt der spezifische Widerstand vor allem durch die Verunreinigungsstreuung zustande, was darauf hinausläuft, daß er von T unabhängig ist (siehe Tabelle 8.2).

Tabelle 8.2 Spezifischer Widerstand eines reinen Metalls und einer Legierung bei verschiedenen T in Ω m

Metall	Temperatur		
	295 °K	90 °K	4,2 °K
reines Kupfer	$1{,}69 \times 10^{-8}$	$0{,}3 \times 10^{-8}$	$\approx 3 \times 10^{-10}$*
Messing (30 Zn, 70 Cu)	$7{,}2 \times 10^{-8}$	$5{,}0 \times 10^{-8}$	$4{,}3 \times 10^{-8}$

* Dieser Wert hängt von der Zahl der Verunreinigungen im reinen Kupfer ab.

8.6 Thermische Leitfähigkeit

Das Modell des freien Elektrons wurde vor allem vorgeschlagen, um unter anderem zu erklären: (a) die hohe elektrische *und* thermische Leitfähigkeit der Metalle und (b) die einfache numerische Beziehung zwischen ihrer elektrischen und thermischen Leitfähigkeit, wie sie durch das WIEDEMANN-FRANZ-Gesetz (1853) gegeben ist. Obgleich dieses Buch hauptsächlich von der elektrischen Leitfähigkeit handelt, schien es folglich der Mühe wert, einen Ab-

schnitt über die thermische Leitfähigkeit mit einzubeziehen, teils, weil das WIEDEMANN-FRANZ-Gesetz eine nützliche und praktische Beziehung ist, teils, weil die Ableitung der Formel für die thermische Leitfähigkeit die Anwendung der kinetischen Theorie auf Elektronen in Metallen gut illustriert.
Die thermische Leitfähigkeit $\varkappa$ ist definiert durch die Beziehung

$$\varkappa = \dot{Q}/A \frac{\mathrm{d}T}{\mathrm{d}x}, \tag{8.11}$$

wobei $\dot{Q}$ derjenige Wärmefluß ist, der durch eine Fläche A hindurchtritt und einen Temperaturgradienten $\mathrm{d}T/\mathrm{d}x$ erzeugt. Während die elektrische Leitfähigkeit ein Maß für die Leichtigkeit ist, mit der *Ladung* durch einen Festkörper hindurchgehen kann, bezieht sich die thermische Leitfähigkeit auf die Übertragung *thermischer Energie.*
Bei der elektrischen Leitfähigkeit können wir annehmen, daß bei allen außer den schlechtesten Leitern bei hohen Temperaturen die übertragene Ladung ausschließlich aus Elektronen besteht. Andererseits ist es bei der thermischen Leitfähigkeit immer möglich, Energie über die schwingenden Atome zu übertragen, so daß es in *allen* Festkörpern eine Gitterkomponente der thermischen Leitfähigkeit $\varkappa_g$ gibt. Es ist jedoch allgemein bekannt, daß Metalle bessere Wärmeleiter sind als Isolatoren. Der Grund dafür ist, daß nach dem Modell des freien Elektrons Energie auch über die Leitungselektronen übertragen werden kann. Die gemessene thermische Leitfähigkeit eines Metalls besteht demnach aus zwei Komponenten

$$\varkappa_m = \varkappa_g + \varkappa_e\,. \tag{8.12}$$

Obwohl $\varkappa_g$ im Vergleich zu den Nichtmetallen etwas herabgesetzt wird, weil die Leitungselektronen die Schwingungen der Atome zu dämpfen versuchen, führt die Existenz von $\varkappa_g$ zu einer wesentlichen Erhöhung von $\varkappa_m$.
In der kinetischen Theorie ist die Formel für die thermische Leitfähigkeit eines Gases durch Gleichung (3.18) gegeben. Wir werden sie hier in Terme der spezifischen Wärme pro Volumeinheit C $(= \mathrm{d}C_v)$ umschreiben und dabei den Unterschied zwischen der Wurzel aus dem mittleren Geschwindigkeitsquadrat $\bar{v}$ und der mittleren Geschwindigkeit $\bar{s}$ vernachlässigen; daher ist

$$\varkappa = \tfrac{1}{3} C\, \bar{v}\, L\,, \tag{8.13}$$

wobei L die mittlere freie Weglänge der Gasmoleküle ist. Analog der Beweisfindung in Abschnitt 8.2 wird dieser Ausdruck im Fall der Leitungselektronen in einem Metall

$$\varkappa_e = \tfrac{1}{3} C_e\, v_F\, l_F\,, \tag{8.14}$$

wobei C_e die gesamte spezifische Wärme pro Volumeinheit des Elektronensystems ist.

Es ist früher erklärt worden, daß die spezifische Wärme pro Elektron in einem FERMI-Gas der klassische Wert $3\,\varkappa/2$ multipliziert mit dem Bruchteil der Elektronen an der FERMI-Fläche ist, d. h. mit einem Term ungefähr der Form $(\varkappa T/\varepsilon_F)$. Wenn n die Elektronendichte ist, ist deshalb $C_e \approx 3\,n\,k^2T/2\,\varepsilon_F$. Die numerischen Faktoren in diesem Ausdruck sind nur angenähert, eine vollständige Rechnung zeigt jedoch, daß wir beinahe zum richtigen Ergebnis gelangten. Dieses lautet für das Modell des freien Elektrons

$$C_e = \pi^2\,n\,k^2T/2\,\varepsilon_F\,. \tag{8.15}$$

(Siehe J. M. ZIMAN, Electrons and Phonons, Oxford University Press, 1960, S. 106–107).

Wenn wir die Gleichungen (8.14) und (8.15) kombinieren und annehmen, daß $m\,v_F^2 = 2\,\varepsilon_F$ ist, so finden wir

$$\varkappa_e = \frac{\pi^2\,n\,k^2\,T\,l_F}{3\,m\,v_F} = \frac{\pi^2\,n\,k^2\,T\,\tau_F}{3\,m}\,. \tag{8.16}$$

Da die mittlere freie Weglänge der Elektronen gleich ist derjenigen, die wir in Abschnitt 8.4 diskutierten, sehen wir, daß im Bereich der Raumtemperatur, in dem $L_F \sim 1/T$ ist, $\varkappa_e$ von T *unabhängig* ist. Für ein einigermaßen reines Metall ist $\varkappa_e \gg \varkappa_g$, so daß $\varkappa_m \approx \varkappa_e$ ist. Daraus würden wir schließen, daß für Metalle $\varkappa_m$ in der Umgebung der Raumtemperatur konstant ist, und dies findet man tatsächlich in der Praxis.

Wenn wir Gleichung (8.16) mit dem entsprechenden Ausdruck für die elektrische Leitfähigkeit (Gleichung 8.4 oder 8.5) kombinieren, erhalten wir ein sehr einfaches Verhältnis

$$\frac{\varkappa_e}{\sigma\,T} = \frac{\pi^2}{3}\left(\frac{k}{e}\right)^2 = L = \text{konstant}\,. \tag{8.17}$$

Die Konstante L wird LORENZ-Zahl genannt, sie hat den Wert $2{,}45 \cdot 10^{-8}$ W Ω grd^{-2}. Für reine Metalle wiederum ist $\varkappa_m \approx \varkappa_e$ und deshalb

$$\frac{\varkappa_m}{\sigma\,T} = L\,. \tag{8.18}$$

Diese Gleichung wird WIEDEMANN-FRANZ-*Gesetz* genannt, und es ist für viele Metalle in der Umgebung der Raumtemperatur verhältnismäßig gut erfüllt (Tabelle 8.3). Wir sollten jedoch darauf hinweisen, daß dieses Gesetz versagt, wenn die Relaxationszeit für den thermischen Widerstand nicht mehr auf die gleiche Weise definiert ist wie für den elektrischen Widerstand. Diese Situation tritt bei sehr tiefen Temperaturen ein, bei denen, wie wir gesehen haben, die Phononen den elektrischen Strom ziemlich wenig streuen. Andererseits unterdrücken sie noch ganz gut den thermischen Strom. Die elektrische Leitfähigkeit wird deshalb relativ größer als die thermische, so daß wir erwarten können, daß $\varkappa_e/\sigma\,T$ kleiner als L ist; dies bestätigt sich auch in der Praxis.

Tabelle 8.3 Verhältnis, gebildet aus dem spezifischen elektrischen Widerstand und dem Wärmewiderstand für einige Metalle bei Raumtemperatur

Metall	σ in Ω^{-1} m$^{-1} \times 10^{-6}$*	$\varkappa$ in W m^{-1} grd$^{-1} \times$ $\times 10^{-2}$†	$\frac{\varkappa}{\sigma T}$ in W Ω grd$^{-2} \times 10^{8}$
Silber	62,2	4,0	2,15
Kupfer	58,8	4,0	2,26
Aluminium	36,5	2,3	2,10
Natrium	21,1	1,3	2,06
Zink	16,9	1,3	2,56
Nickel	16,1	1,3	2,69
Eisen	10,2	0,8	2,61
Blei	4,76	0,35	2,45
Wismuth	0,86	0,11	4,26

* Aus Tabelle 8.1

† Aus Properties of Materials at low Temperatures (Phase I), herausgegeben von V. J. JOHNSON. Pergamon Press, London, 1961.

8.7 Supraleiter

In einer Anzahl von Metallen und Legierungen verhält sich der spezifische Widerstand bei tiefen Temperaturen ganz anders. Anstatt daß er gegen einen konstanten Wert geht, wenn die Temperatur sich 0 °K nähert, fällt er ganz plötzlich auf Null ab (siehe Bild 8.5). Ein solches Metall wird als ein *Supraleiter* bezeichnet, und die Temperatur, bei der die plötzliche Änderung eintritt, wird *Sprungtemperatur* T_c genannt. Die Änderung ist äußerst scharf in Kristallen, die beinahe ideal und frei von Gitterstörungen wie Versetzungen und Korngrenzen sind; in Bild 8.6 zeigen wir den Übergang in verschiedenen Proben aus Zinn.

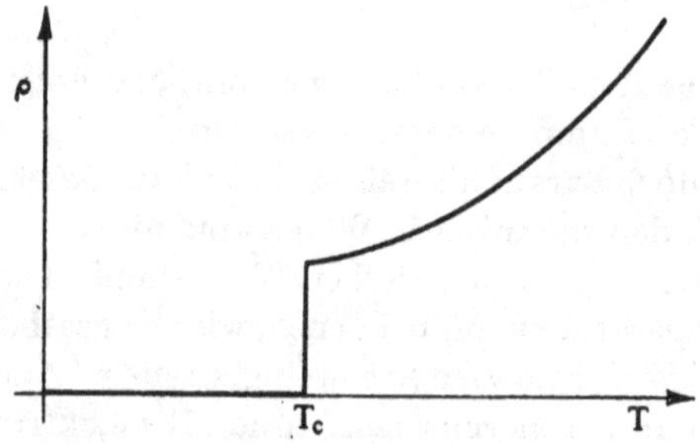

Bild 8.5 Spezifischer Widerstand eines Supraleiters bei tiefen Temperaturen.

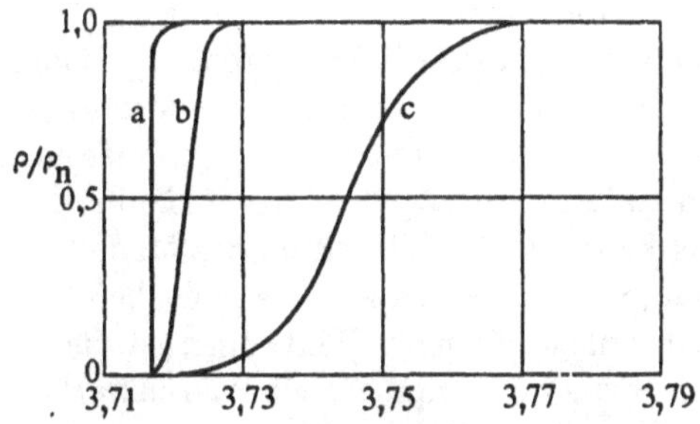

Bild 8.6 Sprungpunkt in Zinn (a) für einen Einkristall von hoher Reinheit, (b) für einen Polykristall von hoher Reinheit, (c) für einen weniger reinen Polykristall. Der spezifische Widerstand ist auf ϱ_N, den spezifischen Widerstand bei Normalbedingungen, normiert (nach DE HAAS, W. J. and VOOGD, J., 1931, Leiden, Comm. 214c, 149).

Man weiß heute, daß über zwanzig Elemente, viele Legierungen und verschiedene Halbleiter bei sehr tiefen Temperaturen Supraleiter werden; einige Beispiele sind in Tabelle 8.4 angegeben. Unterhalb von 0,1 °K sind relativ wenig Messungen gemacht worden, so daß es möglich ist, daß andere gut bekannte Metalle ebenfalls Supraleiter werden. Es ist in der Tat die Vermutung geäußert worden, daß bei hinreichend tiefen Temperaturen eventuell *alle* Metalle in genügend reinem Zustand supraleitend werden. Es ist jedoch interessant, zu erwähnen, daß im Temperaturbereich, der bisher untersucht wurde, die bei Raumtemperatur *besten* Leiter, die Alkali- und Edelmetalle, sich nicht in dieser Weise verhalten.

Es gibt immer Spekulationen darüber, ob der spezifische Widerstand „wirklich Null" ist oder nicht. Natürlich ist es unmöglich, ein physikalisches Experiment durchzuführen, welches absolut genau ist; selbst bei einem sehr perfekt angelegten Experiment setzt die Unbestimmtheitsrelation (Unschärferelation) der Genauigkeit letztlich eine Grenze. Es sind jedoch Experimente ersonnen worden, bei denen in konzentrischen Bleiringen, die im supraleiten-

Tabelle 8.4 Sprungtemperaturen einiger Supraleiter

Supraleiter	T_c (°K)	Supraleiter	T_c (°K)
Aluminium	1,19	Zink	0,88
Indium	3,41	Nb_3SN	18,1*
Blei	7,18	GeTe†	0,3
Niob	9,46	NbO†	1,25
Zinn	3,72		

* Höchster bekannter Wert von T_c
† Halbleiter

den Zustand gehalten wurden, Ströme magnetisch induziert worden sind und bei denen sehr kleine Stromänderungen über sehr lange Zeitperioden (in der Größenordnung von Jahren) durch eine winzige Änderung der gegenseitigen Stellung der Ringe nachgewiesen werden konnten. Der Stromzerfall ist hinreichend klein, um vermuten zu lassen, daß $\varrho < 8 \cdot 10^{-25}\,\Omega$ m ist.
Die Theorie der Supraleitung kann nicht in Begriffen des Modells des freien Elektrons ausgedrückt werden, und so werden wir uns nicht bemühen, sie im Detail zu diskutieren. Die Grundlage jüngster Deutungen ist die, daß Elektronen mit entgegengesetzten Spins und Impulsen zu Paaren verknüpft sind und daß diese Paare nicht auf die gleiche Weise gestreut werden wie die unabhängigen Teilchen im Modell des freien Elektrons. Die Verknüpfung kommt über die Wechselwirkung mit dem Gitter zustande; ein sich bewegendes Elektron stört das Gitter, das umgekehrt mit einem anderen Elektron in Wechselwirkung tritt. Aus diesem Grund wird Supraleitung in einigen der „schlechtesten" Leiter beobachtet, wo die Elektron-Gitter-Wechselwirkung sehr stark ist.

8.8 Supraleiter und magnetische Felder

Supraleitung wird durch Anlegen eines ausreichend starken Magnetfeldes zerstört. Bei irgendeiner Temperatur unterhalb von T_c gibt es immer ein *kritisches Feld* H_c, das das Metall in den normalleitenden Zustand zurückbringen wird. Die Beziehung zwischen H_c und T lautet

$$H_c \approx H_0 \left[1 - \left(\frac{T}{T_c}\right)^2\right], \tag{8.19}$$

wobei H_0 das kritische Feld bei $T = 0$ ist. Eine Anzahl Kurven von H_c über T sind in Bild 8.7 gezeigt. Wir bemerken, daß H_0 für die meisten Elemente ganz klein ist, obwohl es einige Metalle gibt, für die H_0 ziemlich groß ist. Darüberhinaus können bei den zuletzt genannten Beispielen die experimentell bestimmten Kurven nicht ganz so gut mit Gleichung (8.19) in Übereinstimmung gebracht werden. Das kritische Feld hängt auch vom kristallinen Zustand der Substanz ab. Zum Beispiel ist H_c in Niob größer, wenn das Material *nicht getempert worden ist.*
Daß die Supraleitung durch ein Magnetfeld zerstört wird, bedeutet, daß der Strom, der durch einen supraleitenden Draht geschickt werden kann, normalerweise auf ziemlich niedrige Werte begrenzt ist. Der *kritische Strom* I_c ist derjenige Strom, der an der Oberfläche des Leiters gerade das kritische Feld erzeugen wird. Für einen Leiter vom Radius r ist daher

$$I_c = 2\pi r H_c. \tag{8.20}$$

Dieser Ausdruck wird SILSBEEsche Regel genannt. In der Praxis trifft sie ganz zu gut, obwohl in sehr dünnen Drähten der kritische Strom beträchtlich höher ist als der durch Gleichung (8.20) vorhergesagte Wert.

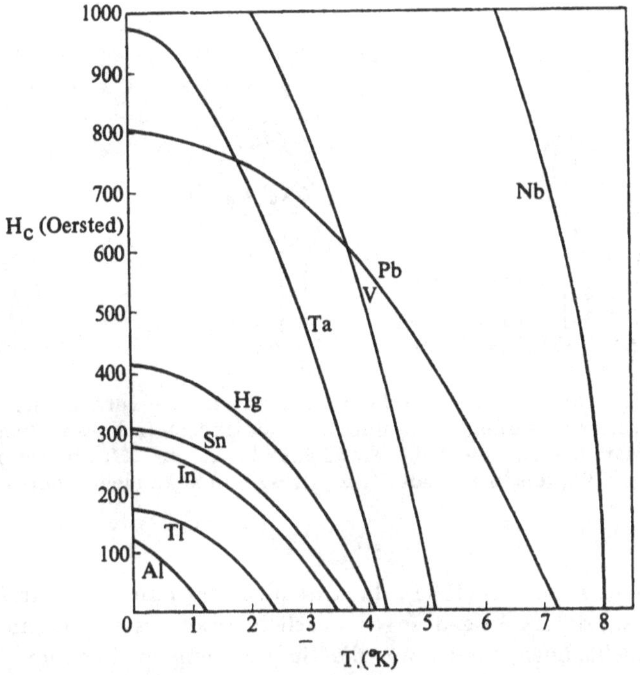

Bild 8.7 Temperaturabhängigkeit des kritischen Feldes für einige Elemente (nach BUCK, D. A., 1956, Proc. I.R.E. 44, 483).

Das einfachste Gesetz der elektromagnetischen Induktion, das NEUMANNsche Gesetz, besagt, daß die in einem Leiter induzierte Spannung gleich dem Betrag der Änderung des Flußes ist, der ihn durchsetzt. Das Gesetz wurde von MAXWELL verallgemeinert, um folgenden Tatsachen Rechnung zu tragen: (a) der Vektornatur sowohl des magnetischen Feldes, das den Fluß verursacht, als auch des sich ergebenden elektrischen Feldes; (b) dem Medium um den Leiter. MAXWELLs Gesetz wird gewöhnlich

$$\operatorname{rot} \boldsymbol{E} = -\frac{\partial \boldsymbol{B}}{\partial t} \tag{8.21}$$

geschrieben, wobei rot $\boldsymbol{E}$ ein Vektor von der Form

$$\left[\left(\frac{\partial E_z}{\partial y} - \frac{\partial E_y}{\partial z}\right), \quad \left(\frac{\partial E_x}{\partial z} - \frac{\partial E_z}{\partial x}\right), \quad \left(\frac{\partial E_y}{\partial x} - \frac{\partial E_x}{\partial y}\right)\right]$$

ist.

Wenn ein Metall im supraleitenden Zustand ist, ist $\boldsymbol{E} = 0$, so daß im Material gemäß der Gleichung (8.21) $\partial \boldsymbol{B}/\partial t = 0$ ist. Als Folgerung ergibt sich, daß, wenn an die Probe bei $T > T_c$ ein Feld angelegt und dann T verringert würde, der Wert von $\boldsymbol{B}$ im Supraleiter unverändert bliebe. MEISSNER und

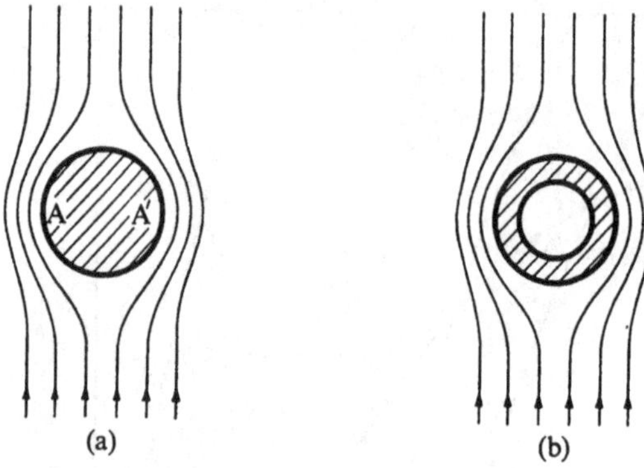

Bild 8.8 (a) Der magnetische Fluß wird aus dem Innern eines Supraleiters herausgedrängt, vorausgesetzt, das angelegte Feld ist kleiner als H_c. Man beachte die hohe Flußdichte bei A und A'. (b) Ein magnetisches Feld, das kleiner als H_c ist, dringt nicht in einen hohlen Supraleiter ein.

Ochsenfeld fanden jedoch (1933), daß dies nicht der Fall war. Für $T < T_c$ wird das Feld aus der Probe gedrängt (natürlich vorausgesetzt, das angelegte Feld H ist nicht hoch genug, um die Supraleitung zu zerstören) (siehe Bild 8.8a). Dies ist als Meissner-*Effekt* bekannt, und er steht, wie wir gesehen haben, in Widerspruch zum klassischen Verhalten einer Substanz, die ein vollkommener Leiter ist.
Eine interessante Anwendung des Meissner-Effektes macht sich die Tatsache zunutze, daß ein magnetisches Feld nicht in einen hohlen Supraleiter eindringen wird (siehe Bild 8.8b). Folglich kann eine derartige Umhüllung als Experimentierkammer verwendet werden, die gegenüber magnetischen Streufeldern völlig abgeschirmt ist.

8.9 Der Zwischenzustand

Wir stellen fest, daß in Bild 8.8a die Flußdichte bei A und A' hoch ist, und man findet tatsächlich, daß ein Supraleiter in einem transversalen Feld bei $H \approx H_c/2$ in den normalleitenden Zustand überzugehen beginnt. Wenn H noch weiter erhöht wird, wird die Substanz eine Mischung von normalleitenden (N) und supraleitenden (S) Bereichen enthalten, und man sagt, daß sie sich in einem *Zwischenzustand* befindet, bis sie bei $H = H_c$ vollkommen normalleitend wird.
Der Grund, weshalb N- und S-Bereiche oder *Domänen* gebildet werden, ist, daß dann das Feld viel weniger gestört wird, als wenn es den Leiter völlig meiden müßte. Andererseits scheint es vernünftig, anzunehmen, daß Energie benötigt wird, um Domänen zu bilden, und es ist in der Tat gezeigt worden,

daß in gut getemperten, reinen Supraleitern wie Zinn und Blei die Oberflächenenergie positiv ist, so daß Domänen, wenn welche gebildet werden, groß sind. Solche Materialien werden *Supraleiter erster Art* genannt.
Andererseits hat man neuerdings gefunden, daß gewisse verformte unreine (oder legierte) Supraleiter in Wirklichkeit eine negative Oberflächenenergie besitzen, so daß sich unvermeidbar viele kleine Domänen bilden werden. Dieses Verhalten zeigen *Supraleiter zweiter Art*.

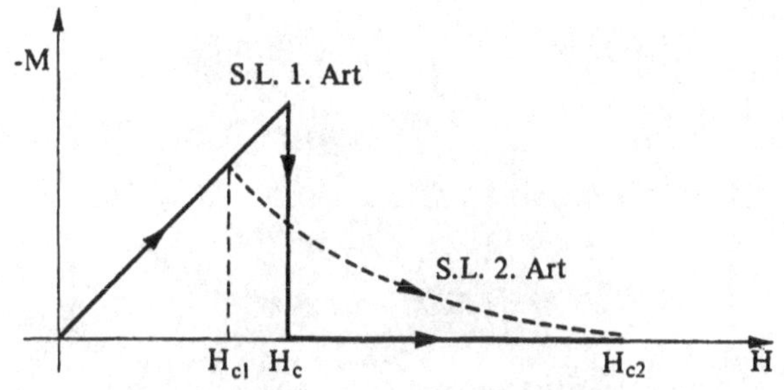

Bild 8.9 Die Magnetisierung von Supraleitern erster und zweiter Art in Abhängigkeit vom angelegten Magnetfeld. Man beachte, daß bei Supraleitern zweiter Art das Eindringen des magnetischen Flusses bei einem verhältnismäßig niedrigen Feld H_{c1} einsetzt, daß der Fluß jedoch erst bei einem ziemlich hohen Feld H_{c2} den gesamten Leiter durchsetzt.

Da in einem Supraleiter $\boldsymbol{B} = 0$ ist, muß das angelegte Feld H gleich der negativen Magnetisierung M sein. Folglich weist die Änderung von M mit H bei einem idealen Supraleiter erster Art einen scharfen Abfall auf (siehe Bild 8.9). Bei Supraleitern zweiter Art dagegen dringt über einen weiten Bereich des Feldes der Fluß allmählich ein. Weil diese Supraleiter einen viel größeren Strom und ein größeres Feld vertragen können, ohne in den normalleitenden Zustand überzugehen, sind sie für die Technik von großem Interesse.

8.10 Anwendungen der Supraleitung

Während der Sechzigerjahre hat die Technologie supraleitender Systeme enorme Fortschritte gemacht. Supraleiter werden heute verwendet (a) für Spulen zur Erzeugung hoher Feldstärken, (b) als Schaltelemente in Komputern (Cryotron), (c) als Speicherelemente in Komputern, (d) für reibungslose Lager, (e) als thermische Schalter, (f) für Pumpen, (g) für Transformatoren, (h) für Übertragungsleitungen und (i) als Basis eines sehr empfindlichen Galvanometers.

Bild 8.10 100-Kilo-Gauss supraleitender Magnet (freundlicherweise von der Oxford Instrument Company Ltd. zur Verfügung gestellt).

Nicht alle diese Anwendungen haben denselben Entwicklungsstand erreicht, jedoch sind kleine Magnete für hohe Felder (ca. 10 Wb m^{-2}) seit einigen Jahren „ab Lager" erhältlich, und sie haben die Abmessung von Elektromagneten revolutioniert (siehe Bild 8.10). Darüberhinaus hat die Entwicklung den Stand erreicht, wo es möglich ist, trotz der Kühlprobleme eine Spule von etwa 2,5 m Länge mit ca. 2,5 m Innendurchmesser zu bauen, mit der man eine Induktion von ungefähr 2,5 Wb m^{-2} erzeugen kann. Supraleitung ist nicht länger nur eine seltsame physikalische Erscheinung.

8.11 Zusammenfassung

Der elektrische spezifische Widerstand der Metalle besteht aus der Summe einer temperaturunabhängigen Verunreinigungs- oder Restkomponente und einer temperaturabhängigen idealen Komponente (MATTHIESSENsche Regel). Dieser letztgenannte Term ist in der Umgebung der Raumtemperatur linear in der Temperatur, ändert sich jedoch bei tiefen Temperaturen mit T^5. Nur Elektronen an der FERMI-Fläche können gestreut werden, so daß es wesentlich ist, von den Eigenschaften dieser Elektronen eine vernünftige Vorstellung zu haben. Für Legierungen geringer Konzentration stimmt die MATTHIESSENsche Regel ganz gut, für Legierungen höherer Konzentration jedoch, in denen offensichtlich keine Komponente wesentlich überwiegt, versagt die Regel. Der spezifische Widerstand dieser Legierungen ist von der Temperatur mehr oder weniger unabhängig.

Bei einigermaßen reinen Metallen sind die thermische und die elektrische Leitfähigkeit durch das WIEDEMANN-FRANZ-Gesetz aufeinander bezogen mit der LORENZ-Zahl $2{,}45 \cdot 10^{-8}$ W Ω grd^{-2}.

Bei sehr tiefen Temperaturen verschwindet bei vielen Metallen und Legierungen und sogar bei einigen Halbleitern jeglicher elektrische Widerstand. Es besteht daher im Supraleiter kein elektrisches Feld, und vom MEISSNER-Effekt erfahren wir, daß auch magnetische Felder ausgeschlossen sind. Die Supraleitung wird durch ein ganz geringes Magnetfeld zerstört. Auf den ersten Blick erscheint es daher unmöglich, selbst einen schwachen Strom durch einen Supraleiter zu schicken, weil das Magnetfeld, das zum Strom gehört, die Supraleitung zerstören wird. Man weiß jedoch heute, daß es zwei deutlich voneinander verschiedene Typen von Supraleitern gibt: Supraleiter erster Art und Supraleiter zweiter Art. Im letzteren besteht die Tendenz, daß sich normal- und supraleitende Bereiche (Domänen) ausbilden. Die normalleitenden Bereiche erlauben es einem Magnetfeld, in das Material einzudringen, und diese Substanzen können einen relativ hohen Strom aushalten, ohne normalleitend zu werden. Supraleiter zweiter Art sind deshalb von großer wirtschaftlicher Bedeutung.

Ergänzende Literatur

BEAM, W. R., Electronics of Solids, McGraw-Hill Book Co., New York and London, 1965.

FLÜGGE, S. (Ed.), Electrical Conductivity of Metals and Alloys at Low Temperatures', Handbuch der Physik, 14, Springer-Verlag, Berlin, 1956.

KITTEL, CH., Einführung in die Festkörperphysik, R. Oldenbourg Verlag, München und Wien, 1969.

KITTEL, CH., Quantentheorie der Festkörper, R. Oldenbourg Verlag, München und Wien, 1970.

Lynton, E. A., Superconductivity, Methuen and Co. Ltd., London, 1962.
Meaden, G. T., Electrical Resistance of Metals, Heywood Books, London, 1966.
Mott, N. F., Jones, H., The Theory of the Properties of Metals and Alloys, Dover Publications Inc., New York, 1958.
Olsen, J. L., Electron Transport in Metals, Interscience, New York and London, 1962.

Aufgaben

8.1 Wie groß sind die Werte (a) der Driftgeschwindigkeit und (b) der mittleren Translationsgeschwindigkeit der Elektronen in einem Metall bei 600 °K verglichen mit den entsprechenden Werten bei 300 °K?

8.2 Die Fermi-Energie von Silber beträgt 5,5 eV. Wie groß ist der maximale Wert der mittleren Geschwindigkeit der Leitungselektronen? Die mittlere freie Weglänge dieser Elektronen beträgt bei Raumtemperatur 550 Å; wie groß muß ein elektrisches Feld sein, das längs einer Silberprobe angelegt werden muß, damit die Driftgeschwindigkeit der Elektronen vergleichbar ihrer maximalen Geschwindigkeit wird?

8.3 In Kupfer ist die Dichte der Leitungselektronen $8{,}5 \cdot 10^{28}\,\mathrm{m}^{-3}$. Wie groß ist die Driftgeschwindigkeit der Elektronen in einem Feld von $10\,\mathrm{V\,m}^{-1}$ (a) bei Raumtemperatur, (b) beim Siedepunkt von flüssigem Sauerstoff, 90 °K, wenn der spezifische Widerstand von Kupfer $1{,}68 \cdot 10^{-8}\,\Omega\mathrm{m}$ beträgt? Würden im Draht vorhandene Verunreinigungen das Ergebnis von (b) beeinflussen?

8.4 Man schätze den Anteil von Fremdatomen an der Gesamtzahl der Atome ab, die man in Kupfer bringen muß, damit der Verunreinigungswiderstand gleich dem idealen Widerstand bei Raumtemperatur, $1{,}68 \cdot 10^{-8}\,\Omega\mathrm{m}$, ist.

8.5 Der spezifische Widerstand des reinsten im Handel erhältlichen Kupfers erhöht sich um 33 Prozent, wenn die Temperatur von 0 auf 100 °C ansteigt. Wenn Nickel zu Kupfer hinzugefügt wird, erhöht sich der elektrische spezifische Widerstand um $1{,}25 \cdot 10^{-8}\,\Omega\,\mathrm{m}$ pro Atomprozent Nickel. Wieviel Nickel müßte zu Kupfer hinzugefügt werden, damit sich der spezifische Widerstand nur um 5 Prozent erhöht, wenn die Legierung über den gleichen Temperaturbereich erwärmt wird?

8.6 Man erkläre physikalisch, warum das Verhältnis der elektrischen Leitfähigkeit eines guten Leiters zu der eines Isolators bei Raumtemperatur bis zu 10^{20} betragen kann, während das Verhältnis der thermischen Leitfähigkeit eines guten zu der eines schlechten Wärmeleiters nie größer als 10^4 ist.

8.7 Der elektrische spezifische Widerstand von Kupfer und Konstantan ist bei Raumtemperatur $1{,}7 \cdot 10^{-8}\,\Omega\,\mathrm{m}$ bzw. $4{,}9 \cdot 10^{-7}\,\Omega\,\mathrm{m}$. Es ist der Beitrag der Elektronen zur thermischen Leitfähigkeit dieser Materialien zu bestimmen.

9. *Halbleiter*

Die wichtigsten Dinge, die wir über Halbleiter gesagt haben, sind:

a) Halbleiter haben bei Raumtemperatur einen elektrischen spezifischen Widerstand von etwa 10^{-4} bis $10^{+4}\,\Omega\,\mathrm{m}$; diese Werte liegen mehr oder weniger in der Mitte zwischen den spezifischen Widerständen von Metallen (ca. $10^{-8}\,\Omega\,\mathrm{m}$) und Isolatoren ($10^{10}$ bis $10^{12}\,\Omega\,\mathrm{m}$).
b) Die Atome in halbleitenden Festkörpern werden durch kovalente Bindungen zusammengehalten.
c) Folglich stehen bei sehr tiefen Temperaturen nur ganz wenige Elektronen für die elektrische Leitung zur Verfügung, ihre Zahl nimmt jedoch exponentiell mit steigender Temperatur zu. Da die elektrische Leitfähigkeit proportional zur Dichte der freien Elektronen ist, muß auch sie exponentiell mit der Temperatur zunehmen.

In den vorigen Kapiteln haben wir weit weniger auf Halbleiter als auf Metalle Bezug genommen. Das bedeutet nicht, daß die Vorstellungen, die in diesen Abschnitten enthalten sind, auf Halbleiter nicht anwendbar sind. Es bedeutet einfach, daß das sehr dichte freie Elektronengas in Metallen ein ausgezeichnetes Beispiel eines Systems darstellt, das mit der FERMI-Statistik beschrieben werden muß. Es *kann* sein, daß bei hohen Temperaturen auch ein Halbleiter auf diese Art diskutiert werden muß; im allgemeinen jedoch bedeutet die relativ geringe Zahl von Leitungselektronen in diesen Materialien, daß wir es mit einem klassischen Gas zu tun haben und Quantenvorstellungen von viel geringerer Wichtigkeit sind.

9.1 Energiebänder

Am absoluten Nullpunkt der Temperatur verhält sich ein Halbleiter wie ein Isolator. Mit anderen Worten, bei $T = 0$ °K ist das äußere Energieband voll besetzt (siehe Abschnitt 6.3). Wenn jedoch die Temperatur ansteigt, wird das Material ein Leiter; eine Anzahl Elektronen des voll besetzten Bandes, des *Valenzbandes*, werden thermisch angeregt und gelangen über eine schmale

Energielücke $\Delta\varepsilon$ hinweg in ein leeres Band, das *Leitungsband*, in dem sie für die Leitung frei sind. Die Energielücke, die von der Größenordnung 1 eV ist, kann mit der chemischen Aktivierungsenergie, die in Abschnitt 5.3 diskutiert wurde, gleichgesetzt werden.
Wir sehen, daß der Unterschied zwischen einem Isolator und einem Halbleiter einfach eine Frage der Größe von $\Delta\varepsilon$ ist. Wenn die Aktivierungsenergie etwa 5 eV beträgt, ist die Zahl der Elektronen im Leitungsband bei normalen Temperaturen äußerst gering und die Leitfähigkeit des Materials ganz zu vernachlässigen. Im Gegensatz dazu kann man sich ein Metall als einen Halbleiter mit der Energielücke Null vorstellen, so daß alle Valenzelektronen bei allen Temperaturen leiten (siehe Bild 9.1).

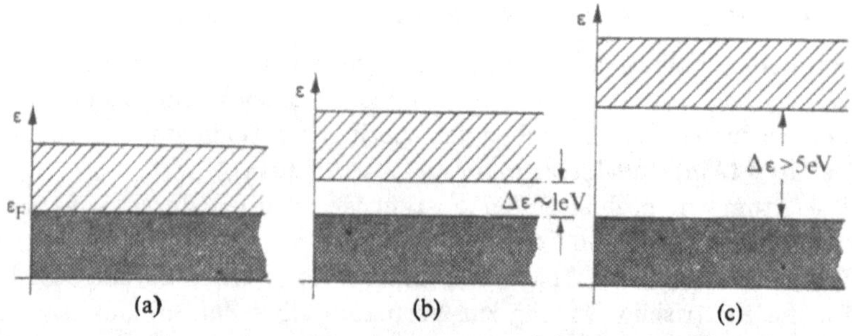

Bild 9.1 Äußere Energiebänder (a) für Metalle, (b) für Halbleiter und (c) für Isolatoren. Schraffierte Bereiche stellen die unbesetzten, die getönten Bereiche die vollbesetzten erlaubten Energieniveaus dar.

Es besteht jedoch ein äußerst wichtiger Unterschied zwischen den Leitungseigenschaften eines Metalls einerseits und eines Halbleiters andererseits. Im zweiten Fall hinterläßt ein Elektron, wenn es durch Anregung aus dem Valenzband herausgelangt, einen unbesetzten Zustand oder ein Loch (siehe Abschnitt 6.5), das auch als Träger eines Stromes wirkt. Unter dem Gesichtspunkt der chemischen Bindung sieht das Bild so aus, daß, wenn ein Valenzelektron thermisch aus seiner Bindung befreit wird, es eine positive Ladung zurückläßt, die benachbarte Valenzelektronen anziehen wird, besonders dann, wenn diese durch ein elektrisches Feld beschleunigt werden. Es existiert deshalb eine effektive Bewegung positiver Ladung in der Richtung des Feldes, und dies ist der Löcherstrom. Die gesamte Leitfähigkeit eines Halbleiters ist deshalb gegeben als die Summe eines Elektronenterms und eines Löcherterms:

$$\sigma = n_e\,(-e)\,(-\mu_e) + n_h\,e\,\mu_h$$
$$= e\,(n_e\,\mu_e + n_h\,\mu_h)\,. \qquad (9.1)$$

Da wir die Löcherleitung eher als eine Art Springvorgang als ein Fließen freier Elektron darstellen, überrascht es nicht, daß im allgemeinen $\mu_h < \mu_e$ ist.

Zum Beispiel ist ein Silizium bei Raumtemperatur $\mu_e \approx 0{,}12\ \mathrm{m^2\,V^{-1}\,s^{-1}}$, verglichen mit $\mu_h \approx 0{,}025\ \mathrm{m^2\,V^{-1}\,s^{-1}}$. (Gewöhnlich ist die Beweglichkeit in Halbleitern größer als in Metallen.)
Es gibt zwei große Klassen von Halbleitern: (a) *Eigenhalbleiter*, bei diesen werden die elektrischen Eigenschaften durch die Wirtssubstanz selbst bestimmt; (b) *Störstellenhalbleiter*, bei diesen wird die Leitfähigkeit durch chemische Verunreinigungen bestimmt. Obwohl es äußerst schwierig ist, ein Halbleiterstück zu bekommen, das bei Zimmertemperatur ausschließlich ein Eigenhalbleiter ist, ist es doch wichtig, die Eigentümlichkeiten einer solchen Substanz zu verstehen. Dies, (a) weil wir selbst bei Störstellenhalbleitern den Untergrund, den die Matrix des Trägermaterials beiträgt, nicht völlig vernachlässigen können, und (b) weil in jedem Fall die meisten halbleitenden Substanzen bei genügend hohen Temperaturen Eigenleitung zeigen.

9.2 Halbleiter mit Eigenleitung

In einem Halbleiter mit Eigenleitung ist die Anzahl der Löcher im Valenzband genau gleich der Zahl der Elektronen im Leitungsband. Daher ist

$$\sigma_i = e\, n_i\, (\mu_e + \mu_h)\,, \tag{9.2}$$

wobei $n_i = n_e = n_h$ ist. Diese Zahl ist sowohl eine Funktion von $\Delta\varepsilon$ als auch von T. Wir können annehmen, daß das System sich in einem dynamischen Gleichgewichtszustand befindet, wo die Zahl der pro Sekunde erzeugten Elektronen-Loch-Paare gleich der Anzahl ist, die durch Rekombination verschwindet. Die Zahl der Elektronen, die durch Anregung in das Leitungsband übergehen, ist proportional dem Boltzmann-Faktor $\exp(-\Delta\varepsilon/kT)$ (siehe Gleichung 4.3), wohingegen die Zahl derjenigen, die ins Valenzband zurückfallen, proportional zur Elektronenzahl n_e und zur Löcherzahl n_h ist. Im Gleichgewicht gilt daher

$$n_e\, n_h = n_i^2 \sim \exp(-\Delta\varepsilon/kT)\,,$$

so daß

$$n_i = \mathrm{const} \times \exp(-\Delta\varepsilon/2\,kT) \tag{9.3}$$

ist.
Die Proportionalitätskonstante kann nur durch eine detaillierte Analyse bestimmt werden. Ganz allgemein ist die Zahl der Elektronen in jedem Band dadurch gegeben, daß Gleichung (4.20) über alle Energien summiert wird, so daß sich

$$n_e = \int_{\varepsilon_c}^{\infty} \bar{n}_j\, Z(\varepsilon)\, \mathrm{d}\varepsilon \tag{9.4}$$

ergibt, wobei ε_c die Energie am unteren Rand des Leitungsbandes ist. Wenn wir weiter annehmen, daß die Elektronen am unteren Bandrand sich wie freie Elektronen verhalten, so daß die Funktion der Zustandsdichte $Z(\varepsilon)$ durch

Gleichung (4.19) gegeben ist, und daß es verglichen mit der Zahl der zur Verfügung stehenden Zustände wenig Elektronen gibt, so daß die klassische Statistik anwendbar ist, dann kann gezeigt werden, daß

$$n_e = N_c \exp \{-(\varepsilon_c - \varepsilon_F)/kT\} \tag{9.5}$$

ist. Siehe z. B. R. L. SPROULL, Modern Physics, John Wiley & Sons, New York, 1956, Seite 329. Der Faktor N_c wird als *effektive Zustandsdichte* bezeichnet; für freie Elektronen ist er gegeben durch

$$N_c = 4{,}83 \times 10^{21}\, T^{3/2}\, \text{m}^{-3}\,. \tag{9.6}$$

Ähnlich ist die Dichte der Löcher im Valenzband gegeben durch

$$n_h = N_v \exp \{(\varepsilon_v - \varepsilon_F)/kT\}\,, \tag{9.7}$$

wobei N_v die effektive Zustandsdichte im Valenzband und ε_v die Energie am oberen Rand dieses Bandes ist. Die Zustandsdichten N_c und N_v sind gleich, wenn die effektiven Massen der Elektronen in beiden Bändern gleich sind, so daß für freie Elektronen beide durch Gleichung (9.6) gegeben sind. In diesem Fall ist

$$\begin{aligned} n_e n_h = n_i^2 &= N_c^2 \exp \{-(\varepsilon_c - \varepsilon_v)/kT)\} \\ &= N_c^2 \exp(-\Delta\varepsilon/kT) \end{aligned}$$

oder in Übereinstimmung mit Gleichung (9.3)

$$n_i = N_c \exp(-\Delta\varepsilon/2\,kT)\,. \tag{9.8}$$

Da $\Delta\varepsilon$ etwa von der Größenordnung 1 eV ist, ist bei Raumtemperatur der Wert von $\Delta\varepsilon/2\,kT \approx 20$. Bei 290 °K erhalten wir demnach aus den Gleichungen (9.6) und (9.8) $n_i \approx 5 \cdot 10^{16}$ m^{-3}; das heißt, in einem Halbleiter mit Eigenleitung kommt nur ein Leitungselektron (oder Loch) auf 10^{12} Atome.
Die Elektronenbeweglichkeit ist $\mu_e = e\,\tau/m = e\,l/m\,v$, wobei l die mittlere freie Weglänge und v die mittlere Geschwindigkeit der Leitungselektronen ist. Da sich diese Elektronen in Halbleitern wie Teilchen eines klassischen Gases verhalten, ist ihre mittlere Energie $\approx kT$, und deshalb ist $v \approx (kT/m)^{1/2}$. Wenn andererseits Elektronen durch Phononen gestreut werden, ist l wie in Metallen noch umgekehrt proportional zu T (für $T \gtrsim 100$ °K; vgl. Gl. 8.8), so daß $\mu_e \sim T^{-3/2}$ ist. Wenn wir annehmen, daß die Temperaturabhängigkeit der Beweglichkeit für Löcher die gleiche ist, erhalten wir aus den Gleichungen (9.2), (9.6) und (9.8)

$$\sigma_i \sim n_i (\mu_e + \mu_h) \sim T^{3/2} \exp(-\Delta\varepsilon/2\,kT)\, T^{-3/2}$$

oder

$$\sigma_i \sim \exp(-\Delta\varepsilon/2kT)\,. \tag{9.9}$$

In Wirklichkeit ändert sich μ mit T für Elektronen und Löcher nicht immer genau in der gleichen Weise, und in einigen Halbleitern (z. B. PbS) ist $\mu \sim T^{-5/2}$. Trotzdem wird der exponentielle Term immer überwiegen, und

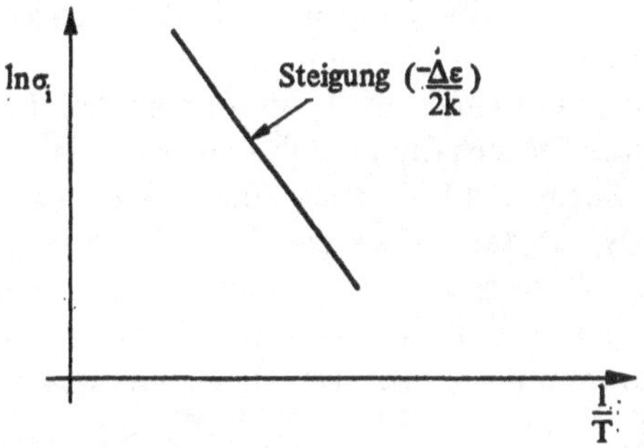

Bild 9.2 ln σ_i über $1/T$ aufgetragen, gibt eine Gerade mit der Steigung $-\Delta\varepsilon/2\,kT$.

der Ausdruck (9.9) ist gewöhnlich eine gute Näherung. Einen vernünftigen Wert für $\Delta\varepsilon$ kann man deshalb aus einer graphischen Darstellung, in der σ_i über $1/T$ aufgetragen ist, entnehmen (siehe Bild 9.2). Gleichzeitig stellen wir fest, daß der spezifische Widerstand eines Eigenhalbleiters, in scharfem Kontrast zu dem eines Metalls, schnell ansteigt, wenn die Temperatur erniedrigt wird.

9.3 Halbleiter mit Störstellenleitung

a) *n-leitend* Angenommen, ein Atom in einem Germaniumkristall wird durch ein Atom aus der nächsten Gruppe rechts von ihm im Periodischen System (z. B. Antimon) ersetzt. Es gibt dann ein Elektron mehr, als für die kovalente Bindung erforderlich wäre (siehe Bild 9.3). Dieses zusätzliche Elektron wird deshalb viel leichter aus dem zu ihm gehörenden Atom befreit als die

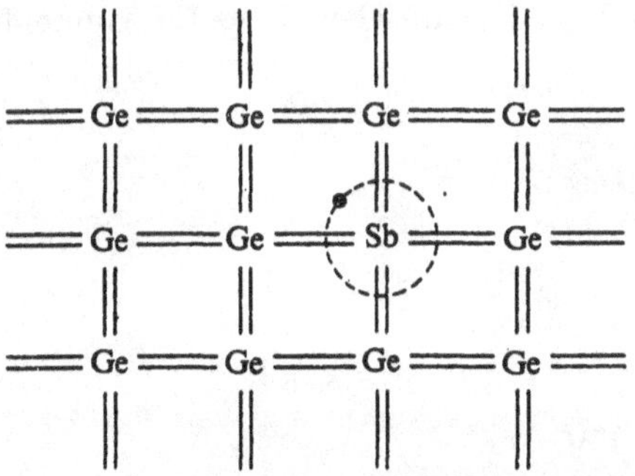

Bild 9.3 Germaniumkristall, in dem ein Atom durch ein Antimonatom ersetzt ist. Jedes Germaniumatom hat mit jedem seiner vier Nachbarn ein Elektron gemeinsam, beim Antimonatom ist jedoch ein Elektron übrig.

anderen „eigenen" Elektronen und steht deshalb als Leitungselektron bei verhältnismäßig niedriger Temperatur zur Verfügung.
Eine grobe Abschätzung der Bindungsenergie $\Delta\varepsilon_i$ dieses fremden Elektrons kann man aus dem *Wasserstoffmodell* erhalten, nach dem wir uns das Antimonatom durch ein Germaniumatom und ein zusätzliches Wasserstoffatom ersetzt denken. Die Energie $\Delta\varepsilon_i$ ist dann etwa gleich ε_1, der Energie eines Elektrons im Grundzustand des Wasserstoffs (Gleichung 2.29), jedoch unter entsprechender Berücksichtigung der Tatsache, daß dieses Wasserstoff-„Atom" sich eher in einem Medium mit der relativen Dielektrizitätskonstante ε_r befindet als im freien Raum. Daher ist

$$\Delta\varepsilon_i \approx \frac{m\,e^4}{8\,\varepsilon_0^2\,h^2}\left(\frac{1}{\varepsilon_r}\right)^2. \tag{9.10}$$

Für Germanium ist $\varepsilon_r = 16$, so daß $\Delta\varepsilon_i \approx 0{,}05$ eV ist, was nur ein zwanzigstel der Energielücke $\Delta\varepsilon$ zwischen dem Valenz- und dem Leitungsband ist. In der Praxis ist für viele Verunreinigungen in Germanium $\Delta\varepsilon \approx 0{,}01$ eV. Der Differenz gegenüber dem Wert, den man aus dem Ausdruck (9.10) erhält, kann Rechnung getragen werden, wenn wir berücksichtigen, daß die Elektronen streng genommen nicht frei sind und daß m durch eine effektive Masse von $m^* \approx 0{,}2\,m_0$ ersetzt werden sollte.
In der graphischen Darstellung der Energiebänder wird die Bindungsenergie dieser Fremdatome durch eine Serie diskreter Niveaus etwas unterhalb des Leitungsbandes dargestellt (siehe Bild 9.4). Da jedes Fremdatom ein Elektron zur Gesamtheit der Leitungselektronen beisteuert, werden die Energieniveaus der Verunreinigungen als *Donator-Niveaus* bezeichnet. Wenn wir die Niveaus als diskret zeichnen, setzen wir voraus, daß die Fremdatome so weit voneinander entfernt sind, daß sich ihre Wellenfunktionen nicht überlappen und keine kontinuierlichen Bänder entstehen. (Tatsächlich kommt es bei *sehr* hohen Konzentrationen von Donator-Atomen zur *Ausbildung* von Verunreinigungsbändern. Derartige Halbleiter haben eine Reihe nützlicher Eigenschaften, und insbesondere bilden sie die Grundlage für Tunneldioden).

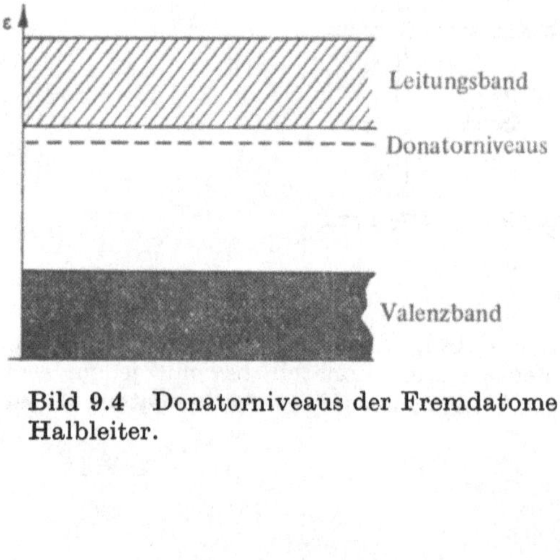

Bild 9.4 Donatorniveaus der Fremdatome in einem n-leitenden Halbleiter.

Es ist wichtig, gut zu verstehen, daß als eine Folge davon die positiven Ladungen, die an den Donator-Atomen zurückbleiben, wenn sie ionisiert werden, unbeweglich und deshalb *keine* Löcher sind.
Wir können annehmen, daß bei sehr tiefen Temperaturen alle Leitungselektronen von ionisierten Donatoren stammen. Es kann dann anhand eines Beweises, der dem sehr ähnlich ist, der zur Gleichung (9.8) führt, gezeigt werden, daß die Elektronendichte im Leitungsband

$$n_e = (N_d\, N_c)^{1/2} \exp\left(-\, \Delta\varepsilon_i/2\, kT\right) \tag{9.11}$$

ist, wobei N_d die Zahl der Donator-Atome pro Volumeinheit ist. Siehe A. J. DEKKER, Solid State Physics, Macmillan and Co. Ltd., London, 1960, S. 311.
Bei $T = 0$ °K ist die Zahl der Elektronen im Leitungsband eines Störstellenhalbleiters Null. Der Temperaturverlauf von n_e kann in drei Bereiche unterteilt werden (siehe Bild 9.5): (a) bei sehr tiefen Temperaturen, sagen wir unterhalb von 20 °K, ist $n_e \sim \exp\left(-\, \Delta\varepsilon_i/kT\right)$; jedoch ist die Zahl der aus dieser Quelle zur Verfügung stehenden Elektronen schnell erschöpft, so daß (b) bei mäßigen Temperaturen $n_e = N_d$ ist. Indessen nimmt die Zahl der Elektronen zu, die in der Lage sind, den Übergang vom Valenz- ins Leitungsband zu vollziehen, und so wird (c) bei ausreichend hohen Temperaturen, möglicherweise höher als Raumtemperatur, die Substanz ein Eigenhalbleiter und $n_e \sim \exp\left(-\, \Delta\varepsilon/2\, kT\right)$.
In den Bereichen (a) und (b), wo das Material Störstellenleitung aufweist, ist $n_e \gg n_h$, die Zahl der Löcher im Valenzband. Solch ein Halbleiter wird *n-leitend* genannt, weil die Leitfähigkeit im Bereich der Störstellenleitung von einem Überschuß an negativen Ladungsträgern herrührt.
Bei sehr hohen und sehr niedrigen Temperaturen wird der Temperaturverlauf der Leitfähigkeit durch das exponentielle Verhalten von n_e bestimmt wer-

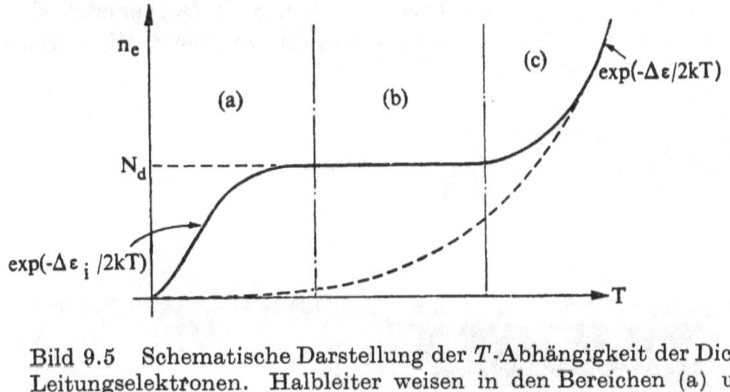

Bild 9.5 Schematische Darstellung der T-Abhängigkeit der Dichte der Leitungselektronen. Halbleiter weisen in den Bereichen (a) und (b) Störstellenleitung auf, im Gebiet (c) dagegen Eigenleitung. Die gestrichelten Kurven (Eigenleitung) geben den Verlauf der Löcherdichte in Abhängigkeit von T an.

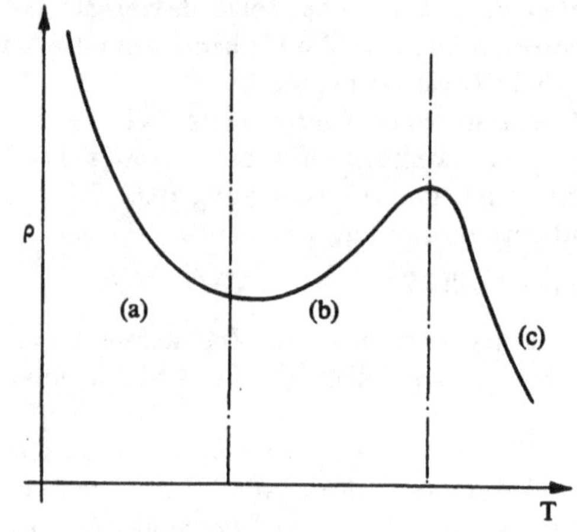

Bild 9.6 Schematische Darstellung der T-Abhängigkeit des spezifischen Widerstands eines Störstellenhalbleiters. Die Bereiche (a), (b) und (c) entsprechen den Bereichen in Bild 9.5.

den, so daß in den Bereichen (a) und (c) der spezifische Widerstand schnell ansteigt, wenn die Temperatur abnimmt. Andererseits wird bei mäßigen Temperaturen, wo $n_e = N_d$ ist, die Leitfähigkeit proportional zur Beweglichkeit sein. Im letzten Abschnitt haben wir gesehen, daß $\mu \sim T^{-3/2}$ ist, so daß im Bereich (b) (Bild 9.6) $\varrho \sim T^{3/2}$ ist. Dies ist nicht unähnlich dem Temperaturverlauf des spezifischen Widerstandes eines Metalls, so daß es trotz der Beteuerungen einiger Autoren oft unmöglich ist, zwischen einem Metall und einem Halbleiter zu unterscheiden, indem man die Temperaturabhängigkeit von ϱ beobachtet.

b) *p-leitend* Wenn ein Germaniumatom durch ein Atom aus der nächsten Gruppe links von ihm im Periodischen System (z. B. Bor) ersetzt wird, ist ein Elektron weniger vorhanden, als der Anzahl entspricht, die normalerweise

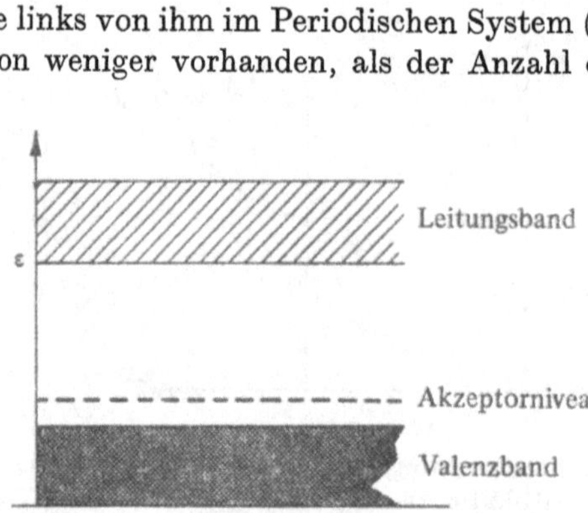

Bild 9.7 Akzeptorniveaus der Fremdatome in einem p-leitenden Halbleiter.

an der kovalenten Bindung beteiligt ist. Es besteht daher bei diesem Atom eine Tendenz, Elektronen anzuziehen, so daß es wie eine Quelle für Löcher wirkt. In einer graphischen Darstellung der Energiebänder werden nun die Niveaus der Fremdatome gerade über dem Valenzband angeordnet sein (siehe Bild 9.7), und sie werden *Akzeptor-Niveaus* genannt, weil sie Elektronen aus dem voll besetzten Band aufnehmen. Dieser Halbleitertyp wird *p-leitend* genannt, weil die Leitfähigkeit im Bereich der Störstellenleitung durch einen Überschuß an positiven Ladungsträgern zustande kommt. Abgesehen vom Vorzeichen der Ladungsträger haben p- und n-leitende Halbleiter viele Eigenschaften gemeinsam, und die Bemerkungen über die Größe von $\Delta\varepsilon_i$ und den Temperaturverlauf von ϱ, die oben gemacht wurden, gelten gleichermaßen für beide. Trotzdem gibt es Fälle, bei denen es wichtig ist, zwischen n- und p-leitender Substanz zu unterscheiden. Dies geschieht sehr einfach, indem man den Hall-Effekt mißt.

9.4 Der Hall-Effekt

Betrachten wir eine dünne rechteckige Platte eines p-Halbleiters mit Koordinatenrichtungen (x, y, z), wie in Bild 9.8 definiert. Wenn ein Strom mit der Dichte J_x zwischen den kleinsten Flächen fließt, wird ein magnetisches Feld mit der Induktion B_z die positiven Ladungsträger in der $-y$-Richtung ablenken, so daß in der Platte ein elektrisches Feld E_y senkrecht zur Richtung des ursprünglichen Feldes E_x aufgebaut wird. Im Gleichgewicht wird die Kraft, die E_y auf die Löcher ausübt, genau die magnetische Kraft kompensieren, und es ist

$$e\,E_y = e\langle v_x\rangle\,B_z\,, \tag{9.12}$$

wobei $\langle v_x\rangle$ die Driftgeschwindigkeit der Löcher ist. Dann erhalten wir wegen $J_x = n_h\,e\langle v_x\rangle$ (siehe Gleichung 7.8)

$$\frac{E_y}{B_z\,J_x} = \frac{1}{n_h\,e}\,. \tag{9.13}$$

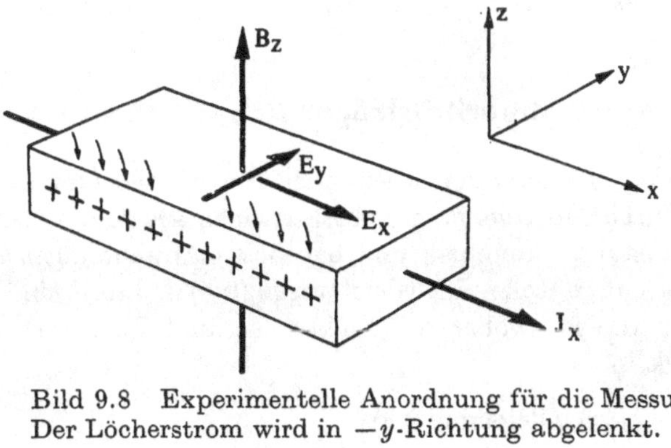

Bild 9.8 Experimentelle Anordnung für die Messung des Hall-Effekts. Der Löcherstrom wird in $-y$-Richtung abgelenkt.

Da $n_h e$ bei allen Temperaturen eine Konstante ist, ist auch $E_y/B_z J_x$ eine Konstante – die HALL-*Konstante* oder der HALL-*Koeffizient* R_H.
Strenggenommen ist $\langle v_x \rangle$ in Gleichung (9.12) nicht ganz gleich dem $\langle v_x \rangle$ in Gleichung (7.8), und deshalb ist $R_H = r/n_h e$. Jedoch ist immer $r \approx 1$, so daß dieser Punkt unwichtig ist. Trotzdem ist in vielen Arbeiten R_H definiert als $(3\pi/8)(1/n_h e)$.
Es ist klar, daß dieses Experiment eine sehr einfache Methode darstellt, die Ladungsträgerdichte n_h zu bestimmen.
Gleichung (9.13) kann in die häufiger verwendete Form

$$R_H = \frac{V_y t_z}{B_z I_x} = \frac{1}{n_h e} \tag{9.14}$$

umgeschrieben werden, wobei V_y die Potentialdifferenz ist, die dem Feld E_y entspricht, I_x der Strom in der x-Richtung und t_z die Probendicke in der z-Richtung. Da V_y möglichst groß sein soll, wenn B_z und I_x vorgegeben sind, muß t_z so klein wie möglich sein. Aus diesem Grund wird das magnetische Feld immer parallel zur Richtung der kleinsten Ausdehnung der Probe angelegt.
Wenn der Halbleiter n-leitend wäre, würde sowohl von e als auch von $\langle v_x \rangle$ das Vorzeichen umgekehrt werden. Ein Feld in der $+z$-Richtung würde wieder die Ladungsträger in der $-y$-Richtung ablenken, da sie aber negativ geladen sind, würde die Richtung von E_y umgekehrt werden. In diesem Fall ist

$$R_H = \frac{V_y t_z}{B_z I_x} = -\frac{1}{n_e e}. \tag{9.15}$$

Die Messung des HALL-Effekts ist deshalb ein überaus nützliches Experiment, weil es (a) einfach ist und, vorausgesetzt, es gibt nur einen Typ von Ladungsträgern, sowohl (b) das Vorzeichen als auch (c) die Dichte dieser Ladungsträger ergibt. Wenn Elektronen und Löcher in vergleichbarer Anzahl vorhanden sind, ist das Ergebnis viel komplizierter, nämlich

$$R_H = \frac{1}{e}\left[\frac{n_h \mu_h^2 - n_e \mu_e^2}{(n_h \mu_h + n_e \mu_e)^2}\right]. \tag{9.16}$$

9.5 Majoritäts- und Minoritätsträger

Selbst in sehr stark verunreinigten n-leitenden Substanzen gibt es immer einige Löcher, die durch den Übergang von Elektronen aus dem Valenzband ins Leitungsband zustande kommen, und bei vielen Anwendungen spielen diese eine ziemlich wichtige Rolle. Die Gleichungen (9.5) und (9.7) sind immer richtig, unabhängig davon, woher die Elektronen und Löcher stammen, so daß der Ausdruck

$$n_e n_h = n_i^2 \quad \text{(vgl. Gleichung 9.8)} \tag{9.17}$$

ganz allgemein gilt. Natürlich ändern sich n_e und n_h ganz erheblich von einer Probe zur anderen. Ihre Werte werden von der Lage des FERMI-Niveaus abhängen, was im Produkt (9.17) herausfällt. Da in einem n-leitenden Halbleiter $n_e \gg n_i$ ist, folgt, daß $n_h \ll n_i$ ist; die Elektronen und Löcher werden *Majoritätsträger* bzw. *Minoritätsträger* genannt. Umgekehrt sind in einem p-leitenden Material die Löcher die Majoritäts- und die Elektronen die Minoritätsträger.

9.6 Diffusionsströme

Normalerweise stellt man sich einen elektrischen Strom als den resultierenden Ladungsfluß vor, wenn längs eines Leiters ein elektrisches Feld angelegt wird. Es ist jedoch auch möglich, daß ein Strom fließt, wenn die Ladungsdichte an einem Punkt des Leiters größer als an einem anderen ist. Ein derartiger Strom, der bestrebt ist, die Ladungsverteilung auszugleichen, wird *Diffusionsstrom* genannt. Nach der Gleichung (3.15) ist die Größe des Teilchenflusses durch einen Querschnitt A gegeben durch $-DA\,(\mathrm{d}n/\mathrm{d}x)$, wobei D der Diffusionskoeffizient und $\mathrm{d}n/\mathrm{d}x$ der Konzentrationsgradient ist. Für Elektronen wird die Diffusionsstromdichte J_e^D deshalb dargestellt durch

$$J_e^D = (-e)\,(-D_e)\,\frac{\mathrm{d}n_e}{\mathrm{d}x} = e\,D_e\,\frac{\mathrm{d}n_e}{\mathrm{d}x}\,. \tag{9.18}$$

In Halbleitern gehorchen die Elektronen normalerweise der klassischen Statistik, so daß $\mu_e/v = e\,l/m\,v^2 = e\,l/3\,kT$ und deshalb $v\,l = 3\,\mu_e\,kT/e$ ist. Folglich ist nach Gleichung (3.16) $D_e = v\,l/3 = \mu_e\,kT/e$ (die EINSTEINsche Beziehung) und

$$J_e^D = \mu_e\,kT\,\frac{\mathrm{d}n_e}{\mathrm{d}x}\,. \tag{9.19}$$

Auf ähnliche Weise erhält man für die Löcher

$$J_h^D = -\,\mu_h\,kT\,\frac{\mathrm{d}n_h}{\mathrm{d}x}\,. \tag{9.20}$$

9.7 Die Fermi-Kante in Halbleitern

Die bestbekannte Anwendung von Halbleitern ist der Transistor. Da diese Vorrichtung durch eine dünne Schicht einer p-leitenden Substanz gebildet wird, die zwischen zwei n-leitende Stücke eingebettet ist, wird ihre Wirkungsweise offensichtlich von dem Verhalten der Elektronen in den p-n-Übergängen bestimmt.

Wenn zwei verschiedene Leitertypen miteinander in Berührung gebracht werden, gleichen sich die äußeren Energiebänder in ihrer Lage relativ zueinander so weit an, bis sie eine *gemeinsame* FERMI-*Kante* haben. Wenn dies nicht so wäre, dann würden Elektronen vom höheren Energieniveau zum niedrigeren hinüberfließen mit nachfolgender Umordnung der beiden Niveaus, bis sie einander angeglichen sind.

Um die Eigenschaften eines p-n-Übergangs zu verstehen, müssen wir deshalb in beiden Typen des Halbleitermaterials mit Störstellenleitung die Lage der FERMI-Kante in bezug auf das Leitungsband kennen. Der Einfachheit und Vollständigkeit halber wollen wir jedoch zuerst die Lage der FERMI-Kante in einem Eigenhalbleiter betrachten.

In einem reinen Halbleiter ist die Zahl der Elektronen im Leitungsband gleich der Zahl der Löcher im Valenzband. Vorausgesetzt, daß $N_c = N_v$ ist (das bedeutet, vorausgesetzt, die effektiven Massen sind in beiden Bändern gleich), folgt deshalb, wenn wir die Gleichungen (9.5) und (9.7) einander gleichsetzen,

$$\varepsilon_F = \frac{\varepsilon_v + \varepsilon_c}{2} = \varepsilon_v + \frac{\Delta\varepsilon}{2}. \tag{9.21}$$

In einem Eigenhalbleiter liegt daher die FERMI-Kante in der Mitte zwischen dem Valenz- und Leitungsband (siehe Bild 9.9a).

Für Störstellenhalbleiter ist die Beweisführung nur ein wenig schwieriger. Im n-leitenden Material ist die Zahl der Elektronen im Leitungsband (Gleichung 9.5) gleich der Zahl der leeren Donatoren — $N_d\,[1 - \overline{n}(\varepsilon_i)]$, wobei ε_i das Energieniveau des Fremdatoms ist. Wenn ε_F mehr als einige kT oberhalb von ε_i liegt, ist diese Zahl $N_d \exp\{(\varepsilon_i - \varepsilon_F)/kT\}$. Wenn dies dem Ausdruck (9.5) gleichgesetzt wird, ergibt sich

$$\varepsilon_F = \frac{\varepsilon_i + \varepsilon_c}{2} + \frac{kT}{2}\ln\left(\frac{N_d}{N_c}\right). \tag{9.22}$$

Demnach liegt bei $T = 0$ in einem n-Typ-Halbleiter ε_F in der Mitte zwischen den Donator-Niveaus und dem unteren Rand des Leitungsbandes (siehe

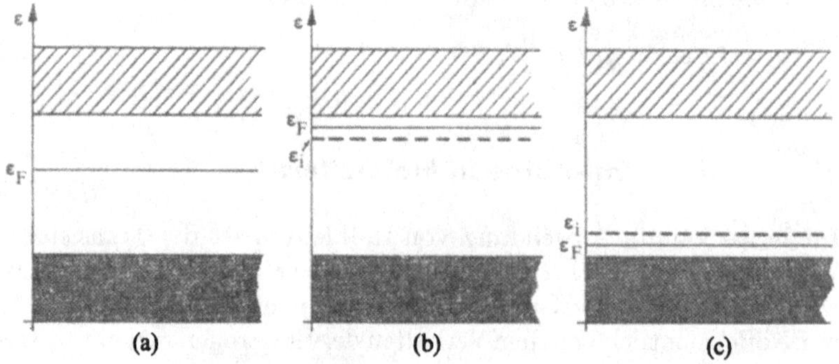

Bild 9.9 Lage des FERMI-Niveaus (a) in Eigenhalbleitern, (b) in n-leitenden Halbleitern und (c) in p-leitenden Halbleitern. Bei Störstellenhalbleitern (b) und (c) ist die Lage temperaturabhängig (Gleichung 9.22); sie ist für $T = 0$ dargestellt.

Bild 9.9b). Wenn die Temperatur ansteigt, sinkt die Lage von ε_F langsam ab und nähert sich, wenn das Material zum Eigenhalbleiter wird, schließlich dem Wert, der durch Gleichung (9.21) gegeben ist.
In ähnlicher Weise liegt bei einem p-leitenden Halbleiter ε_F bei tiefen Temperaturen zwischen den Akzeptor-Niveaus der Fremdatome und dem oberen Rand des Valenzbandes (siehe Bild 9.9c).

9.8 p–n-Übergänge

Da die FERMI-Kante konstant bleibt, muß ein p-n-Übergang in der Energiebanddarstellung aussehen, wie in Bild 9.10 gezeigt. Elektronen aus dem n-Bereich stehen vor einer Energieschwelle von einer Höhe, die etwas kleiner als $\Delta\varepsilon$ ist. Statt dessen können wir auch sagen, daß sie einem *Kontaktpotential* $\Delta V = \Delta\varepsilon/e$ gegenüberstehen, das für Germanium etwa 3/4 V beträgt.

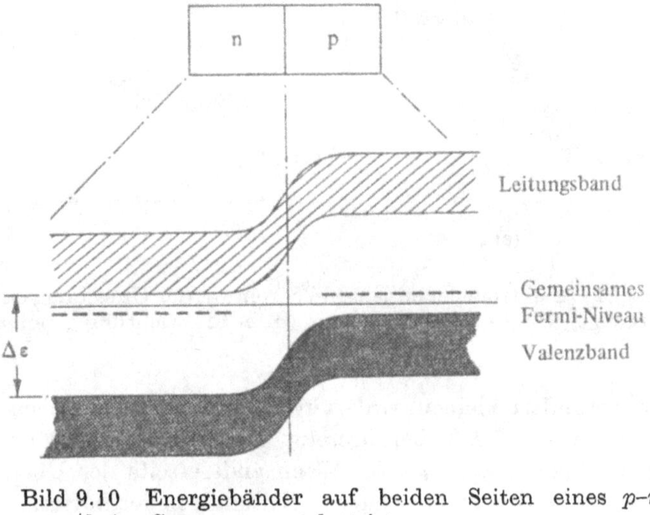

Bild 9.10 Energiebänder auf beiden Seiten eines p–n-Übergangs, wenn keine Spannung angelegt ist.

Wir wollen die Leitungselektronen auf beiden Seiten der Schwelle betrachten; bei allem, was folgt, müssen wir uns vergegenwärtigen, daß sich Löcher in ähnlicher Weise verhalten. Es bewegen sich immer zwei Elektronenströme in entgegengesetzten Richtungen über die Schwelle, und im Gleichgewicht heben sich diese gerade gegenseitig auf. (a) Elektronen aus dem p-Bereich, obwohl nur in geringer Zahl vorhanden, können leicht in den n-Bereich „hinunter" laufen und dabei den Strom I_1^0 erzeugen. (b) Nur ein paar der vielen Atome aus dem n-Bereich schaffen es, „hinauf" zu klettern, so daß I_2^0 ($= I_1^0$) auch klein ist.

Angenommen, wir schließen eine Batterie, deren EMK mit V_1 bezeichnet wird, an diesen Übergang an. Wir nehmen an, daß die gesamte EMK an der Schwelle wirksam ist, obwohl in Wirklichkeit ein Teil dazu verwendet wird, den Strom durch die *p*- und *n*-Bereiche aufrechtzuerhalten. Wenn die negative Zuleitung von der Batterie mit dem *p*-Bereich verbunden wird, werden alle Energieniveaus auf der *p*-Seite um $e\,V_1$ angehoben und das Kontaktpotential erhöht (siehe Bild 9.11 a). Obgleich der Strom, der die Schwelle hin-

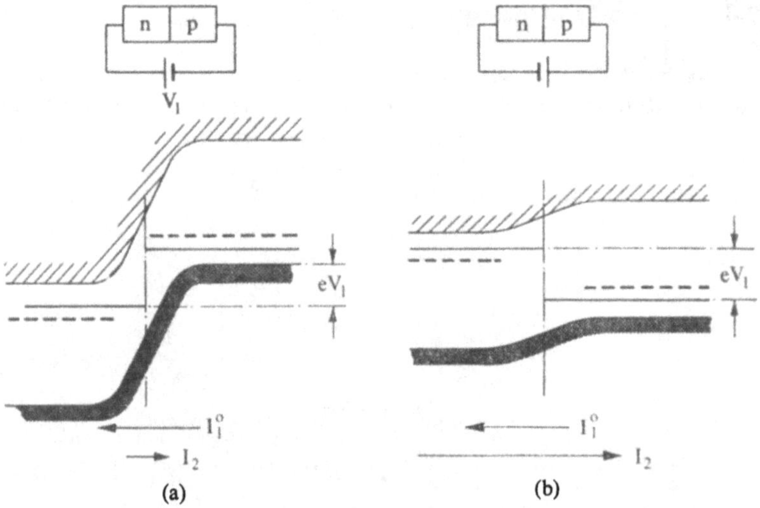

Bild 9.11 Elektronenenergien und Ströme in der Umgebung eines *p–n*-Übergangs, der (a) in Sperrichtung, (b) in Flußrichtung gepolt ist.

unterfließt, unverändert bleiben wird, wird I_2 um den zusätzlichen Boltzmann-Faktor $\exp(-e\,V_1/kT)$ herabgesetzt werden. Man sagt dann, der Übergang sei *in Sperrichtung gepolt.* Wenn andererseits der Übergang *in Flußrichtung gepolt* ist, wobei die positive Zuleitung von der Batterie mit dem *p*-Bereich verbunden ist, wird das Kontaktpotential herabgesetzt (siehe Bild 9.11 b). Wieder bleibt der Strom (a) auf dem Wert I_1^0, jedoch erhöht sich I_2 um einen Faktor $\exp(e\,V_1/kT)$. Allgemein ist daher der Elektronenstrom, der durch den Übergang fließt,

$$I_e = I_2^0 \exp(e\,V_1/kT) - I_1^0$$
$$= I_1^0 [\exp(e\,V_1/kT) - 1]\,, \qquad (9.23)$$

wobei das Potential V_1 positiv ist, wenn es in Stromrichtung angelegt wird. Eine graphische Darstellung des Stromes I_e in Abhängigkeit von V (siehe Bild 9.12) ist bei weitem nicht linear, und das System wirkt wie ein ausgezeichneter Gleichrichter.

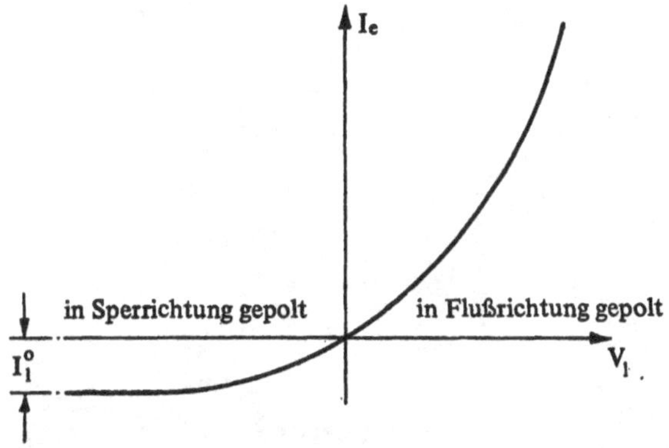

Bild 9.12 Schematische Darstellung des Stroms durch einen p–n-Übergang in Abhängigkeit von der angelegten Spannung. Während im allgemeinen bei der Polung in Flußrichtung die Spannung auf einige Volt beschränkt ist, kann sie bei Polung in Sperrichtung einige hundert Volt betragen, bis der Gleichrichter zusammenbricht und $-I_e$ sehr stark ansteigt.

Eine Anzahl anderer Punkte, die das Verhalten von p-n-Übergängen betreffen, sind:

(a) Wenn auch Löcher mit in die Betrachtung einbezogen werden, ist der Gesamtstrom durch die Grenzschicht

$$I_t = (I_{1e}^\circ + I_{1h}^\circ)\,[\exp(e\,V_1/kT) - 1]\,. \tag{9.24}$$

(b) Der Elektronenstrom im Gleichgewicht I_{2e}° $(= I_{1e}^\circ)$ ist im wesentlichen ein Diffusionsstrom und hängt davon ab, wie leicht Elektronen in den p-Bereich injiziert werden können. Es kann gezeigt werden (siehe R. L. SPROULL, Modern Physics, John Wiley & Sons Inc., New York, 1956, S. 348), daß $I_{2e}^\circ = A\,e\,D_e\,n_e^\circ/L_e$ ist, wobei A die Fläche des Übergangs, D_e der Elektronendiffusionskoeffizient, n_e° die Gleichgewichtsdichte der Minoritätselektronen auf der p-Seite und L_e die mittlere Tiefe ist, bis zu welcher injizierte Elektronen in den p-Bereich hineindiffundieren. Einen ähnlichen Ausdruck kann man für I_{2h}° erhalten.

(c) Einen p-n-Übergang kann man nicht einfach dadurch herstellen, daß man bloß die p- und n-leitenden Bereiche aufeinanderpreßt oder klebt, weil die Kristall-Störstellen, die dann in der Grenzschicht vorhanden sind, die entscheidende Diffusion von der einen Seite zur anderen verhindern. Infolgedessen müssen die beiden Komponenten zu einem innigen Kontakt zusammengewachsen sein.

(d) Bei hohen Temperaturen wird das Material auf beiden Seiten des Übergangs eigenleitend, so daß die FERMI-Kante überall in der Mitte zwischen Leitungs- und Valenzband liegt. Folglich verschwindet die Energieschwelle,

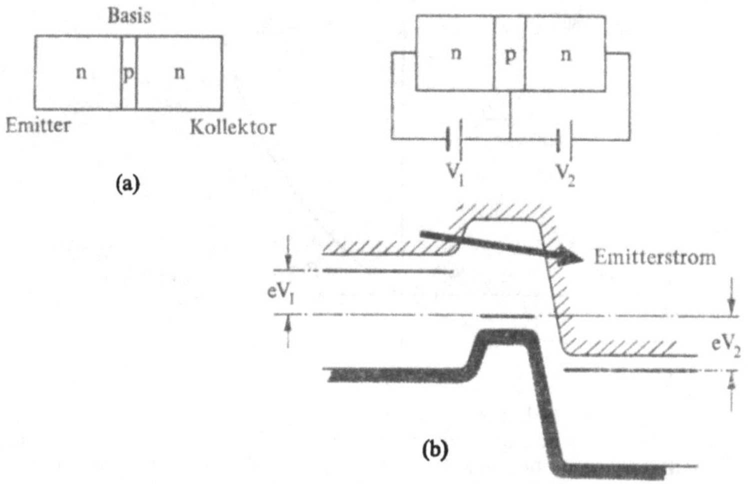

Bild 9.13 (a) Ein n–p–n-Transistor. (b) Schaltung eines Transistors mit gemeinsamer Basis und die entsprechenden Elektronenenergien.

und eine Gleichrichterwirkung ist nicht mehr möglich. Aus diesem Grund können Germaniumdioden (und Germaniumtransistoren) oberhalb von etwa 100 °C nicht verwendet werden, obwohl Silizium mit einem etwas größeren $\Delta\varepsilon$ bis 200 °C brauchbar ist.

Ein p-n-p-Transistor besteht aus einem doppelten p-n-Übergang bei dem ein sehr schmaler p-leitender Bereich (ca. 0,01 mm), *Basis* genannt, zwischen die beiden n-leitenden Bereiche, die man als *Emitter* und *Kollektor* bezeichnet, eingebettet ist (siehe Bild 9.13a). Bei seiner einfachsten Verwendungsart ist der Emitter-Basis-Übergang in Flußrichtung gepolt, während der Basis-Kollektor-Übergang in Sperrichtung gepolt ist (siehe Bild 9.13b). Die Breite des p-leitenden Bereichs wählt man viel geringer als die Diffusionslänge der Elektronen, die vom Emitter in diesen injiziert werden, so daß der Emitter-Elektronenstrom unter minimalen Verlusten durch Rekombination durch die Basis driftet und im Kollektorkreis in Erscheinung tritt. Da der Strom von einem Kreis mit niedrigem Widerstand in einen Bereich mit hohem Widerstand übergeht, wird Leistung gewonnen, und der Transistor wirkt als *Leistungsverstärker*.

9.9 Anwendungen von Halbleitern

Es gibt neben Dioden und Transistoren unzählige Anwendungsarten von Halbleitern, und wir können nicht hoffen, auf den uns verbleibenden Seiten noch jeder von ihnen gerecht zu werden. In Tabelle 9.1 haben wir einige der häufiger vorkommenden Anwendungsmöglichkeiten aufgeführt, in der Absicht, die Gründe zusammenzufassen, warum Halbleiter von so großer wirt-

Tabelle 9.1 Anwendungen von Halbleitern

Gaussmeter	Glühkathoden
Infrarotdetektoren	Thermistoren (Heißleiter)
Laser	Thermoelektrische Generatoren
Teilchendetektoren	Thermoelektrische Kühlaggregate
Photoleiter	Thermometer
Photokathoden	Transistoren
Gleichrichter	U.H.F.-Generatoren
Widerstände	

schaftlicher Bedeutung sind. Selbst das ist schwierig. Einige der nützlichen Eigenschaften von Halbleitern sind:

(a) Es ist möglich, einen Halbleiter mit einer bestimmten Leitfähigkeit herzustellen.

(b) Diese Leitfähigkeit kann durch die Temperaturänderung des Halbleiters ganz drastisch verändert werden, und bei einigermaßen hohen Temperaturen steigt die Leitfähigkeit normalerweise an.

(c) Die Leitfähigkeit kann erhöht werden, indem man den Halbleiter elektromagnetischer Strahlung aussetzt, deren Photonenenergie größer ist als $\Delta\varepsilon$.

(d) In einem p-n-Übergang besteht ein Kontaktpotential, und dieses Potential kann durch Anlegen einer äußeren EMK verändert werden.

(e) Wenn die Zahl der Leitungselektronen verglichen mit derjenigen in Metallen klein ist, ist der Hall-Effekt verhältnismäßig groß; auch thermoelektrische Effekte sind groß.

(f) Manche Halbleiter haben zwei Leitungsbänder mit Beweglichkeiten die sich stark voneinander unterscheiden, und sie können, wenn eine konstante EMK angelegt wird, Oszillationen des Stromes bewirken (der Gunn-Effekt).

(g) Die Durchbruchspannung in einem in Sperrichtung gepolten p-n-Übergang ist normalerweise sehr scharf definiert, und sie kann als Bezugsspannung verwendet werden (Zener-Dioden).

9.10 Zusammenfassung

Bei 0 °K sind „Halbleiter" Isolatoren, da dann keine Elektronen für die Leitung zur Verfügung stehen. Bei Raumtemperatur jedoch gibt es durch thermische Anregung genügend Ladungsträger, so daß diese Substanzen verhältnismäßig gute Leiter werden. Die Ladungsträger, die Elektronen, Löcher oder beides sein können, entstammen zwei Quellen: (a) den Wirtsatomen (Ladungsträger für *Eigenleitung*) und (b) chemischen Verunreinigungen (Ladungsträger für *Störstellenleitung*).

In einem ganz reinen Halbleiter oder Eigenhalbleiter ist die Zahl der Löcher n_h gleich der Zahl der Elektronen n_e. Diese Zahlen sind mit der Energielücke $\Delta\varepsilon$ und der Temperatur T verknüpft durch

$$n_h = n_e = \text{const} \times \exp\left(-\Delta\varepsilon/2\,kT\right). \tag{9.8}$$

In Störstellenhalbleitern wird die Leitfähigkeit entweder von den Elektronen (*n-leitend*) oder den Löchern (*p-leitend*) bestimmt, was von der vorhandenen Verunreinigung abhängt. Wenn die Fremdatome im Periodischen System rechts von den Wirtsatomen liegen, sind mehr Elektronen vorhanden als im Normalfall; Elektronen werden von den Donatoren an das Leitungsband *abgegeben*, um dort als Träger des Stroms zu wirken. Liegen die Fremdatome im Periodischen System links von den Wirtsatomen, werden Elektronen von Akzeptoren aus dem Valenzband *aufgenommen*, und die entstehenden Löcher tragen den Strom. Es ist möglich, durch die Messung des HALL-Effekts sowohl den Typ als auch die Anzahl der Ladungsträger in einem Halbleiter zu bestimmen.
Selbst in sehr unreinen Substanzen, die Störstellenleitung aufweisen, stehen immer einige *Minoritätsträger* zur Verfügung. Diese spielen eine wichtige Rolle bei den Eigenschaften von p-n-Übergängern. Wenn n-leitende und p-leitende Halbleiter so zusammengefügt werden, daß ein idealer Kontakt entsteht, ordnen sich ihre Energiebänder um eine gemeinsame FERMI-Kante an. Das bedeutet, daß die Elektronen eine *Potentialschwelle* $\Delta\varepsilon/e$ zwischen dem n- und dem p-leitenden Bereich überwinden müssen. Die Höhe der Potentialschwelle kann erhöht oder erniedrigt werden, wenn eine elektromotorische Kraft V an den Übergangsbereich angelegt wird. Folglich ist der Strom, der durch die Grenzschicht fließt, proportional zu $\exp\left(e\,V/kT\right)$. Diese Eigenschaft kann entweder als Grundlage für einen Gleichrichter oder mit einem doppelten p-n-Übergang für einen Verstärker (den Transistor) verwendet werden.

Ergänzende Literatur

ADLER, R. B., SMITH, A. C., LONGINI, R. L., Introduction to Semiconductor Physics, John Wiley and Sons Inc., New York and London, 1964.

AZÁROFF, L. V., BROPHY, J. J., Electronic Processes in Materials, McGraw-Hill Book Co., New York and London, 1963.

DEKKER, A. J., Electrical Engineering Materials, Prentice-Hall Inc., Englewood Cliffs, 1959.

KITTEL, CH., Einführung in die Festkörperphysik, R. Oldenbourg Verlag, München und Wien, 1969.

MORANT, M. J., Introduction to Semiconductor Devices, G. G. Harrap and Co. Ltd., London 1964.

Wert, C. A., Thomson, R. M., Physics of Solids, McGraw-Hill Book Co., New York and London, 1964.

Wrigth, D. A., Semiconductors, 4th Edn, Methuen and Co. Ltd., London, 1966.

Aufgaben

9.1 Germanium kristallisiert in der Diamantstruktur (zwei ineinandergestellte kubisch-flächenzentrierte Gitter, die in Richtung der Raumdiagonalen um 1/4 deren Länge gegeneinander verschoben sind), so daß sich 8 Atome in der kubischen Einheitszelle befinden. Aus Messungen mit Röntgenstrahlen entnimmt man, daß die Kante der kubischen Einheitszelle 5,62 Å beträgt. Man berechne die Zahl der Atome pro Volumeneinheit in Germanium.

9.2 Eine Germaniumprobe ist mit 0,1 Atomprozent Arsen dotiert. Man bestimme die Dichte der Elektronen und Löcher in Germanium, wenn angenommen wird, daß bei Raumtemperatur alle Arsenatome ionisiert sind. (Die Dichte der Ladungsträger für Eigenleitung in Germanium ist bei Raumtemperatur $2{,}37 \cdot 10^{19}$ cm^{-3}.)
Die Beweglichkeit der Elektronen und Löcher bei Raumtemperatur betrage 0,38 bzw. 0,18 m^2 V^{-1} s^{-1}. Man berechne den spezifischen Widerstand (a) für Eigenleitung in reinem Germanium; (b) wenn Germanium 0,1 Prozent Arsen enthält.

9.3 Es wurde gemessen, daß sich der elektrische Widerstand von Germanium auf folgende Weise mit der Temperatur ändert:

$T°\,K$	312	330	354	385	420
$R(\Omega)$	11,8	5,88	2,33	0,90	0,35

Man zeige, daß dieses Material im untersuchten Temperaturenbereich Eigenleitung aufweist, und schätze für die Elektronen die Energielücke in Elektronenvolt ab.

9.4 Man hat Ihnen eine kleine rechteckige Probe (20 mm × 4 mm × 1 mm) einer Substanz gegeben, die ein Metall oder ein Halbleiter sein könnte. Erläutern Sie, wie Sie herausfinden könnten, um welche von beiden Substanzen es sich handelt, indem Sie einige Experimente durchführen, die dazu bestimmt sind, möglichst viele Aussagen zu liefern.

9.5 Für die Hall-Konstante einer bestimmten Siliziumprobe wurde im Bereich von 100 °K bis 400 °K der Wert $-7{,}35 \cdot 10^{-5}$ m^3 C^{-1} gemessen. Handelt es sich bei diesem Halbleiter bei Raumtemperatur um einen Eigen- oder Störstellenhalbleiter, und ist er n-leitend oder p-leitend? Für die elektrische Leitfähigkeit bei Raumtemperatur fand man 200 Ω^{-1} m^{-1}. Man berechne die Dichte und die Beweglichkeit der Ladungsträger bei Raumtemperatur.

9.6 Im Innern eines halbleitenden Kristalls, der 12 mm lang, 5 mm breit und 1 mm hoch ist, besteht eine magnetische Flußdichte von 0,5 Wb m^{-2} in Richtung senkrecht zu den größten Flächen. Wenn ein Strom von 20 mA längs durch die Probe fließt, mißt man quer dazu (senkrecht sowohl zum Strom als auch zum Magnetfeld) eine Spannung von 37 μV. Wie groß sind die Hall-Konstante des Halbleiters und die Dichte der Ladungsträger? Man schätze ab, wie groß die Spannung wäre, wenn anstelle des Halbleiters eine Kupferprobe mit den gleichen Abmessungen in dasselbe Magnetfeld gebracht und durch sie der gleiche Strom von 20 mA fließen würde.

9.7 Wie ändert sich der effektive Widerstand eines p–n-Übergangs mit der Temperatur, wenn der Übergang an eine Spannung größer als $4\,kT/e$ in Flußrichtung gepolt ist? Bedeutet diese Begrenzung der Spannung in der Praxis irgendeine ernsthafte Schwierigkeit? Wäre diese Anordnung in der Praxis als Thermometer von irgendwelchem Wert?

9.8 In einem bestimmten, in Sperrichtung gepolten p–n-Übergang erhielt man bei Raumtemperatur als maximalen Strom 10 μA. Wie groß wäre der Strom, der durch den Übergang fließen würde, wenn er an 0,1 V in Flußrichtung gepolt wäre?

Anhang

Die Schrödinger-Gleichung in Kugelkoordinaten

In Kugelkoordinaten (r, Θ, φ) lautet die dreidimensionale Form der zeitunabhängigen SCHRÖDINGER-Gleichung (2.8)

$$\frac{1}{r^2}\frac{\partial}{\partial r}\left(r^2\frac{\partial\psi}{\partial r}\right)+\frac{1}{r^2\sin^2\Theta}\frac{\partial^2\psi}{\partial\varphi^2}+\frac{1}{r^2\sin\Theta}\frac{\partial}{\partial\Theta}\left(\sin\Theta\,\frac{\partial\psi}{\partial\Theta}\right)$$
$$+\frac{8\,\pi^2\,m}{h^2}(\varepsilon-V)\,\psi=0\,. \qquad \text{(A.1)}$$

Gebraucht wird die Lösung für das Wasserstoffatom; in diesem Fall ist V nur eine Funktion von r (Gleichung 2.13).

Wir wollen zunächst annehmen, daß die Lösung ein Produkt zweier Faktoren ist (vgl. Gleichung 2.14), von denen der eine nur eine Funktion von r, der andere nur eine Funktion von Θ und φ ist. Daher ist

$$\psi=\psi_r(r)\,S(\Theta,\varphi)\,. \qquad \text{(A.2)}$$

Gleichung (A.1) wird dann

$$\frac{1}{\psi_r}\frac{\mathrm{d}}{\mathrm{d}r}\left(r^2\frac{\mathrm{d}\psi_r}{\mathrm{d}r}\right)+\left[\frac{1}{S\sin^2\Theta}\frac{\partial^2 S}{\partial\varphi^2}+\frac{1}{S\sin\Theta}\frac{\partial}{\partial\Theta}\left(\sin\Theta\,\frac{\partial S}{\partial\Theta}\right)\right]$$
$$+\frac{8\,\pi^2\,m\,r^2}{h^2}(\varepsilon-V)=0\,. \qquad \text{(A.3)}$$

Die eckige Klammer ist von r unabhängig und hat die Dimension einer reinen Zahl; sie sei gleich $-N$. Was von Gleichung (A.3) übrigbleibt, ist dann eine Funktion von r allein, und sie ist die erste der drei Differentialgleichungen, welche die drei Komponenten von ψ ergeben, die den verschiedenen Koordinaten entsprechen. Daher ist

$$\frac{1}{\psi_r}\frac{\mathrm{d}}{\mathrm{d}r}\left(r^2\frac{\mathrm{d}\psi_r}{\mathrm{d}r}\right)+\frac{8\,\pi^2\,m\,r^2}{h^2}(\varepsilon-V)-N=0\,. \qquad \text{(A.4)}$$

Gleichzeitig sehen wir, daß

$$\frac{1}{S\sin^2\Theta}\frac{\partial^2 S}{\partial\varphi^2}+\frac{1}{S\sin\Theta}\frac{\partial}{\partial\Theta}\left(\sin\Theta\,\frac{\partial S}{\partial\Theta}\right)\Big]+N=0 \qquad \text{(A.5)}$$

ist. Jetzt schreiben wir $S(\Theta, \varphi)$ als das Produkt zweier Faktoren

$$S(\Theta, \varphi) = \psi_0(\Theta)\, \psi_\varphi(\varphi) \ldots \text{(vgl. wieder Gleichung 2.14).} \qquad (A.6)$$

Gleichung (A.6) in Gleichung (A.5) eingesetzt führt zu

$$\frac{1}{\psi_\varphi} \frac{d^2\psi_\varphi}{d\varphi^2} + \frac{\sin\Theta}{\psi_\Theta} \frac{d}{d\Theta}\left(\sin\Theta \frac{d\psi_\Theta}{d\Theta}\right) + N \sin^2\Theta = 0\,. \qquad (A.7)$$

Der erste Term ist von Θ unabhängig und deshalb gleich einer Konstanten, die wir als $-\, m_e^2$ schreiben. Die zweite (und einfachste) der drei Gleichungen für die Komponenten von ψ ist dann

$$\frac{d^2\psi_\varphi}{d\varphi^2} + m_1^2\, \psi_\varphi = 0\,. \qquad (A.8)$$

Die letzte Komponente von ψ erhält man nun, indem man Gleichung (A.8) in Gleichung (A.7) einsetzt, was zu

$$\frac{d^2\psi_\Theta}{d\Theta^2} + \cot\Theta \frac{d\psi_\Theta}{d\Theta} + \left(N - \frac{m_1^2}{\sin^2\Theta}\right)\psi_\Theta = 0 \qquad (A.9)$$

führt.

Lösungen zu den Aufgaben

1.1 (a) $6{,}25\times10^{18}$; (b) $3{,}12\times10^{19}$.
1.2 63,6.
1.3 Einige hundert Schichten pro Sekunde.
1.4 2 in bcc; 4 in fcc; $\sqrt{3}\,\pi/8$ in bcc; $\sqrt{2}\,\pi/6$ in fcc.
1.5 3,61 Å; $8{,}5\times10^{28}$ m^{-3}.

2.1 (a) 2×10^{-25} J oder $1{,}25\times10^{-6}$ eV; (b) 10^{-20} J; (c) $3{,}36\times10^{-19}$ J; (d) 10^{-16} bis 10^{-14} J; (e) $\approx2\times10^{-3}$ J oder $1{,}25\times10^{6}$ eV.
2.2 3,03 V; 6630 Å.
2.3 (a) $6{,}6\times10^{-32}$ m; (b) 0,29 Å; (c) 12,2 Å; (d) 0,0029 Å.
2.4 (a) $6{,}63 \cdot 10^{-24}$ kg m s^{-1}; (b) die relative Unschärfe ist doppelt so groß wie die des Impulses.
2.5 (a) $3{,}8\times10^{-19}$ eV; (b) 38 eV.
2.6 (a) $h^2/4\,\pi^2\, m\, r^2$; (b) $\varepsilon_0\, h^2/\pi\, m\, e^2 = 0{,}53$ Å.
2.9 (a) 13,6 eV; (b) 1,51 eV.
2.10 910 Å und 1215 Å; 3640 Å und 6560 Å; 8190 Å und 18,720 Å.
2.12 z. B. für Chlor $(1\,s)^2\,(2\,s)^2\,(2\,p)^6\,(3\,s)^2\,(3\,p)^5$.

3.1 $8{,}2\times10^{3}$ J (kg Mol)$^{-1}$; (a) $1{,}83\times10^{3}$ m s^{-1}; (b) $0{,}46\times10^{3}$ m s^{-1} oder $1{,}6\times10^{3}$ km h^{-1}.

3.2 (a) $1{,}5 \times 10^5$ J; (b) 2 J; in beiden Fällen $5{,}93 \times 10^{-21}$ J.
3.3 $\approx 1{,}25 \times 10^{-7}$ m; beträchtlich kleiner, da der Streuquerschnitt größer ist.
3.4 3,2 Å.
3.5 $8{,}5 \times 10^{-8}$ m; $3{,}7 \times 10^{-10}$ Å.
3.6 $1{,}23 \times 10^{-5}$ W $\text{cm}^{-1} \cdot \text{grd}^{-1}$.

4.1 $9{,}5 \times 10^{21}$ und 5×10^{20}.
4.2 $(2\,kT/m)^8$; $(\frac{1}{2})^8$.
4.3 (a) 0,018, (b) 0,982; (a) 0,24, (b) 0,76.
4.4 $8{,}42 \times 10^{28}$ m^{-3}; 7 eV; 44 J (kg Mol)$^{-1}$.
4.6 $1{,}12 \times 10^{47}$ $\text{J}^{-1}\,\text{m}^{-3}$.

5.2 4,27 eV.
5.4 $4\,(1 - 1/\sqrt{2} - \frac{1}{2} + 2/\sqrt{5})$.

6.3 $k_n \approx n\,10^{10}$ m^{-1}; $\lambda_n \approx 6/n$ Å; sehr ähnlich; $\approx 10^6$ m s^{-1} und 0.

7.1 $3{,}7 \times 10^{-7}$ m s^{-1}.
7.2 (a) 0,219 m s^{-1}; (b) $4{,}38 \times 10^{-3}$ $\text{m}^2\,\text{V}^{-1}\,\text{s}^{-1}$; (c) $2{,}5 \times 10^{-14}$ s.
7.6 Die Phononenenergie ist 2×10^{-2} eV, deshalb ist die Streuung elastisch. Streuwinkel 36°.

8.1 (a) Halb so groß; (b) gleich.
8.2 $1{,}39 \times 10^6$ m s^{-1}; $\approx 10^8$ V m^{-1}.
8.3 (a) $4{,}38 \times 10^{-2}$ m s^{-1}; (b) $1{,}42 \times 10^{-1}$ m s^{-1}; ja, da Geschwindigkeit wesentlich kleiner.
8.4 Ca. 1%.
8.5 6,93%.
8.7 422 W m^{-1} grd^{-1}; 14,6 W m^{-1} grd^{-1}.

9.1 $4{,}52 \times 10^{28}$ m^{-3}.
9.2 $n_e = 4{,}52 \times 10^{25}$ m^{-3}; $n_h = 1{,}24 \times 10^{13}$ m^{-3}; (a) 0,47 Ω m; (b) $3{,}65 \times 10^{-7}$ Ω m.
9.3 0,47 eV.
9.5 Störstellenhalbleiter; n-leitend; $8{,}5 \times 10^{22}$ m^{-3}; $1{,}47 \times 10^{-2}$ $\text{m}^2\,\text{V}^{-1}\,\text{s}^{-1}$.
9.6 $3{,}7 \times 10^{-6}$ $\text{m}^3\,\text{C}^{-1}$; $1{,}69 \times 10^{24}$ m^{-3}; $\approx 10^{-9}$ V.
9.8 0,53 mA.

Periodisches System

Die Zahl über dem Symbol ist das Atomgewicht, die Zahl unter dem Symbol ist die Ordnungszahl des betreffenden Elements

1,008 **H** 1								
6,940 **Li** 3	9,013 **Be** 4							
22,900 **Na** 11	24,32 **Mg** 12							
39,100 **K** 19	40,08 **Ca** 20	44,96 **Sc** 21	47,90 **Ti** 22	50,95 **V** 23	52,01 **Cr** 24	54,94 **Mn** 25	55,85 **Fe** 26	58,94 **Co** 27
85,48 **Rb** 37	87,62 **Sr** 38	88,92 **Y** 39	91,22 **Zr** 40	92,91 **Nb** 41	95,95 **Mo** 42	98 **Tc** 43	101,1 **Ru** 44	102,91 **Rh** 45
132,91 **Cs** 55	137,36 **Ba** 56	Seltene Erden	178,6 **Hf** 72	180,95 **Ta** 73	183,85 **W** 74	186,22 **Re** 75	190,2 **Os** 76	192,2 **Ir** 77
223 **Fr** 87	226,05 **Ra** 88	Actiniden						

Seltene Erden	138,92 **La** 57	140,13 **Ce** 58	140,92 **Pr** 59	144,24 **Nd** 60	145 **Pm** 61	150,35 **Sm** 62	152,0 **Eu** 63
Actiniden	227 **Ac** 89	232,05 **Th** 90	231,1 **Pa** 91	238,07 **U** 92	237 **Np** 93	242 **Pu** 94	243 **Am** 95

									4,003 **He** 2
			10,81 **B** 5	12,011 **C** 6	14,007 **N** 7	16,000 **O** 9	19,00 **F** 9	20,182 **Ne** 10
			26,98 **Al** 13	28,09 **Si** 14	30,97 **P** 15	32,066 **S** 16	35,453 **Cl** 17	39,946 **Ar** 18
58,71 **Ni** 28	63,54 **Cu** 29	65,38 **Zn** 30	69,72 **Ga** 31	72,59 **Ge** 32	74,91 **As** 33	78,96 **Se** 34	79,91 **Br** 35	83,80 **Kr** 36
106,4 **Pd** 46	107,87 **Ag** 47	112,40 **Cd** 48	114,82 **In** 49	118,69 **Sn** 50	121,74 **Sb** 51	127,61 **Te** 52	126,91 **J** 53	131,3 **Xe** 54
195,09 **Pt** 78	197,0 **Au** 79	200,6 **Hg** 80	204,37 **Tl** 81	207,2 **Pb** 82	209,0 **Bi** 83	210 **Po** 84	211 **At** 85	222 **Rn** 86

157,25 **Gd** 64	158,92 **Tb** 65	162,50 **Dy** 66	164,93 **Ho** 67	167,3 **Er** 68	169 **Tm** 69	173,04 **Yb** 70	174,98 **Lu** 71
247 **Cm** 96	249 **Bk** 97	251 **Cf** 98	254 **Es** 99	255 **Fm** 100	256 **Md** 101	255 **(No)** 102	257 **Lw** 103

Sachregister

FSC
www.fsc.org
MIX
Papier | Fördert gute Waldnutzung
FSC® C083411

Kolibri 360 GmbH
Ferdinand-Jühlke-Straße 7
99095 Erfurt, Deutschland
produktsicherheit@kolibri360.de